어떤 프라이팬을 사야 할지 망설인다면

태운 냄비를 어떻게 세척해야 할지 모른다면

요리가 맛있어지는 비결을 알고 싶다면

요즘 유행하는 그릇을 저렴하게 구입하고 싶다면

kitchen

주방 도구 리얼 사용기

우 리 가

몰 랐 던

주 방 이 야 기

writer

하정아, 이선심

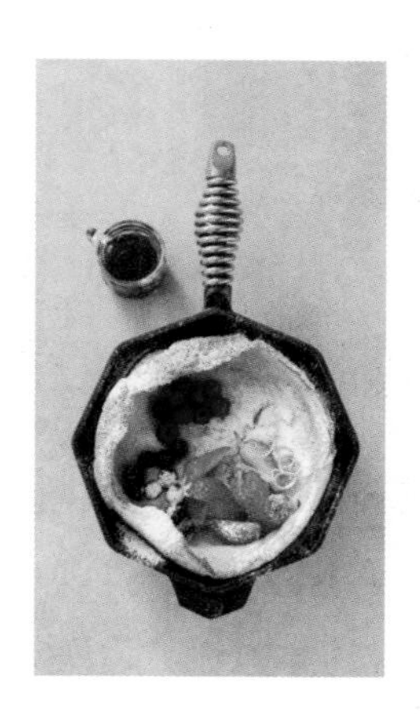

BnCworld

STAUB
LA COCOTTE
STAUB
STAUB
STAUB
LA COCOTTE
STAUB
STAUB
STAUB
LA COCOTTE

프롤로그

요리책을 뒤적이던 우리는 정작 요리를 만드는 도구들에 대한 책은 별로 없다는 사실을 깨달았습니다.
가정에서 주방이 차지하는 역할은 꽤 크고 중요합니다. 일상생활의 원동력이 되는 음식을 만들고 먹고 마시는 일들이 이루어지는 곳이기 때문입니다. 그 안에서 사용하는 도구들의 재질과 장단점이 중요한 것도 그래서라고 생각합니다. 무심코 사용해왔던 도구들이 왜 좋은지, 어떻게 사용해야 하는지 우리는 사실 모르고 있는 것들이 많습니다.
나에게 맞는 용도의 재질과 브랜드의 주방용품을 선택하는 것은 의외로 어렵습니다. 주방용품의 종류와 재질이 너무 다양해서 제품 선택의 폭이 너무 넓어졌기 때문입니다.
온라인 정보들도 수없이 많지만 그것들이 정말 옳은 방법인지는 정작 알 수가 없습니다. 내가 자주 하는 요리에는 어떤 도구가 알맞고 브랜드와 재질마다의 장점은 무엇인지, 어떻게 관리하면 좋은지 알려주는 책이 있다면 좋겠다는 생각이 들었습니다.

prologue

이 책에는 다년간 사랑받고 실용성이 높은 주방용품 브랜드와 그 브랜드들의 장단점을 적어놓았습니다. 또 재질별 특징과 관리법도 정리해 보았습니다. 우리가 많이 사용하는 그릇들과 그 브랜드를 살펴보면서 도자기의 역사를 알아가는 재미도 있습니다. 그리고 잊혀져 가는 우리의 전통 주방용품들을 계승하고 있는 제작자분들도 찾아가 보았습니다. 대량 생산과는 다른 수공예의 멋과 아름다움을 여러분들도 느낄 수 있으면 좋겠습니다.
저희가 만든 이 책이 여러분이 몰랐던 주방의 이야기에 도움이 되길 바랍니다.

writer 하정아, 이선심

/ KITCHEN / STORY /

목차

Chapter 1. 세척 도구, 세제

Chapter 2 냄비, 프라이팬

cleaner&
cleanser

CHAPTER 01

세척 도구, 세제

냄비나 그릇, 혹은 조리 도구의 재질이 여러 가지인 것처럼 세척 도구나 세제도 그 재질에 따라 다르게 사용하는 것이 중요하다. 재질에 맞지 않는 세척 도구와 세제는 냄비나 그릇에 흠집을 만들거나 몸에 좋지 않은 성분이 나올 수 있기 때문이다. 특히 일부 제품들은 식기세척기를 사용할 수 없는 경우가 있으므로 세척에 주의하는 것이 좋다.

세척 도구

아크릴 수세미

일반적인 수세미들에 비해 구멍이 커서 음식물이 끼어도 세척이 쉬우며 세척한 뒤 건조도 빨라 위생적이다. 또한 부드러운 재질이라서 냄비나 그릇에 흠집이 생기지 않는다.

레데커(Redecker) 솔

그릴이나 표면이 매끄럽지 않은 블랙매트 코팅과 단순 무쇠 세척에 알맞은 제품이다. 나무 재질이기 때문에 사용한 뒤에는 물기를 털어 바람이 통하는 그늘에 잘 말려주는 것이 좋다.

3SSS 수세미

스테인리스와 무쇠용 수세미로 연마제가 들어있다. 카드 크기로 작게 잘라서 회색면 부분으로 얼룩이 지거나 기름때가 묻은 무쇠 팬에 사용한다. 사용하다가 부드럽게 길이 들면 코팅 무쇠의 얼룩을 지울 때도 사용한다.

초록 수세미

그릇과 냄비에 스크래치를 낼 수 있어서 스테인리스와 코팅 팬에 사용 시 주의해야 한다. 대신 유기 녹을 닦을 때 사용한다. 마른 상태에서 유기의 녹을 닦아주면 반짝반짝하게 광을 낼 수 있다.

코로넷(Coronet) 독일 야채솔

원래 야채솔로 나왔지만 요철이 있는 냄비 바닥과 블랙매트의 거친 면에 남은 음식찌꺼기를 세척할 때 유용하다. 플라스틱이라 잘 마르고 곰팡이가 끼지 않으며 오래 사용할 수 있다.

스펀지 수세미

거품이 잘 나며 부드러워 코팅 프라이팬이나 에나멜 팬, 무쇠 팬 등의 세척에 알맞다.

야자나무 수세미(たわし, 다와시)

야자나무로 만든 수세미로 물이 잘 빠지고 건조가 쉬워 관리가 편하다. 레데커 솔처럼 틈새와 요철이 있는 무쇠 팬과 나무 도마 등에 사용한다.

프로그(Frog) 천연 수세미

천연 아가베 식물섬유 50%, 호두껍질 파우더와 재생PET섬유 50%가 함유된 수세미이다. 물에 젖으면 부드러워져 스크래치가 잘 나는 냄비나 프라이팬에 손상 없이 쓸 수 있다.

◦ 아크릴 수세미 ◦

◦ 레데커 솔 ◦

◦ 3SSS 수세미 ◦

◦ 초록 수세미 ◦

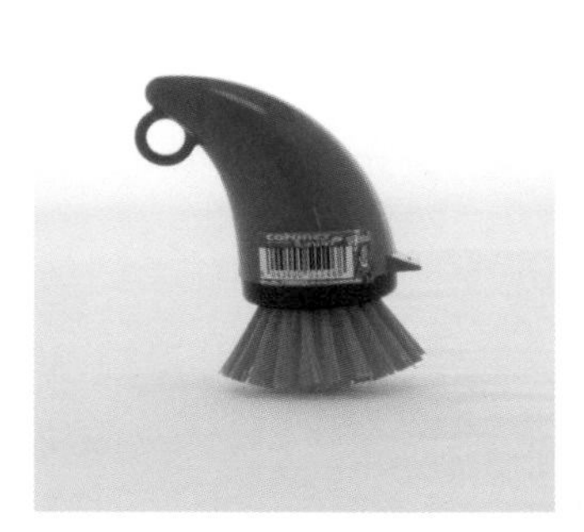

◦ 코로넷 독일 야채솔 ◦

◦ 스펀지 수세미 ◦

◦ 야자나무 수세미 ◦

◦ 프로그 천연 수세미 ◦

/ KITCHEN / CLEANER & CLEANSER /

세제

중성세제

PH7에 가까운 세제로 일반적인 주방용품의 세척에 사용한다. 석유계 계면활성제보다 천연 계면활성제가 들어있는 세제가 더 비싸지만 자극이 적고 안전하다.

베이킹소다

도마, 기름때, 스테인리스 세척 등 주방에서 광범위하게 쓰인다. 알루미늄 제품은 까맣게 변색되므로 사용해서는 안 된다.

구연산

식초와 같은 역할을 하며 살균 소독에 사용한다.

밀가루

무쇠와 기름때 세척, 뚝배기 전처리 등에 사용한다.

식초

식초는 세균의 생존 환경 PH를 낮춰 사멸시키므로 살균, 소독 등에 사용한다.

은 세척제

은이나 은도금 제품은 변색이 심해 세척제를 사용해 관리해주는 것이 편리하다. 하지만 냄새가 독하므로 사용할 때는 환기를 시켜주는 것이 좋다.

구리 세척제(Wright's copper cream, 와이만 코퍼크림)

구리 전용 광약으로 가격대가 있지만 소량씩 쓰기 때문에 한번 사두면 오래 쓰는 편이다. 손에 직접 닿지 않게 비닐장갑을 끼고 사용하는 것이 좋다.

스테인리스 세척제

보통 베이킹소다를 넣고 삶기도 하지만 얼룩이나 물때를 없앨 때 사용하면 편리하다. 연마제가 포함된 스테인리스 세척제는 제품의 광택이 없어지거나 도금이 벗겨지므로 주의해야 한다.

◦ 중성세제 ◦

◦ 베이킹소다 ◦

◦ 구연산 ◦

◦ 밀가루 ◦

◦ 식초 ◦

◦ 은 세척제 ◦

◦ 구리 세척제 ◦

◦ 스테인리스 세척제 ◦

pot &
frying pan

CHAPTER 02

냄비, 프라이팬

주방의 조리 도구 중 가장 큰 비중을 차지하는 것이 바로 냄비와 프라이팬이다. 냄비나 프라이팬은 브랜드도 많고 재질도 다양해 구매할 때 선택의 어려움이 따르고, 디자인만 보거나 유행하는 제품을 충동구매해 후회하는 경우도 많다. 그러므로 본인이 선호하는 요리에 맞게 재질과 모양을 제대로 따져보고 선택하는 현명함이 필요하다.

stainless steel

STAINLESS STEEL 01

스테인리스 스틸

알루미늄 성분이 인체에 장기간 축적되면 치매를 일으킨다는 논문들이 나오면서 스테인리스 스틸(이하 스테인리스) 냄비가 인기를 얻게 되었다. 스테인리스 냄비는 예전부터 쓰던 무쇠 냄비에 비해 가볍고 녹이 나지 않으며 얼룩이 생기거나 태우더라도 복구가 가능하다. 또한 관리만 잘하면 오래 사용할 수 있어 가장 기본적이고 일상적인 주방용품의 재질로 쓰이고 있다. 스테인리스는 가스나 하이라이트 모두 사용이 가능하지만 인덕션에는 사용이 가능한 제품과 불가능한 제품으로 나뉜다. 인덕션 사용 가능 제품은 바닥에 표시가 있으므로 확인하고 구매해야 한다.

01

통5중과 통3중, 바닥3중의 차이

냄비 바닥만 3중으로 제작되던 스테인리스 냄비는 스테인리스와 스테인리스 사이에 알루미늄을 넣는 기술이 개발되면서 1971년부터 통3중 냄비도 제작되기 시작했다. 알루미늄 층 1개가 들어가면 통3중, 알루미늄 층 3개가 들어가면 통5중으로, 통3중과 통5중은 냄비의 측면도 바닥과 동일한 두께와 층으로 되어 있다. 두께가 두껍기 때문에 예열에 시간이 오래 걸리지만 반대로 빨리 식지 않는 장점이 있다. 바닥3중은 바닥만 3중으로 되어 있는 제품으로 전기레인지나 인덕션에 사용하면 열효율이 좋아 빠른 조리가 가능하다. 단, 측면 부분이 얇아서 가스불에서 잘 타는 것이 단점이다.

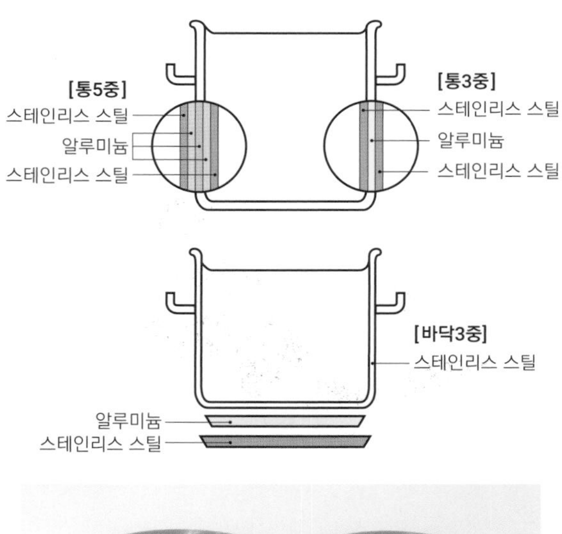

◦ 통5중과 통3중, 바닥3중의 차이 ◦

02

200계열과 300계열이 뭘까?

200계열과 300계열은 크롬(CHROMIUM, Cr)과 니켈(NIC KEL, Ni)의 합금 비율의 차이를 말하는 것으로 식기에 주로 사용하는 것은 300계열 스테인리스이다.

200계열은 STS201, STS202 등으로 표시되며 크롬 16~17%, 니켈 1~2% 정도의 비율이다. 200계열은 녹이 잘 슬며 열과 염분이 닿았을 때 인체에 유해한 성분이 나올 수 있다. 식기류에는 적합하지 않으므로 저가의 제품을 구매할 때에는 특히 강종을 확인할 필요가 있다.

300계열은 보통 크롬 18%, 니켈 8~10%의 비율로 만들며 STS304 혹은 18-10, 18-8로 표시된다. 안정적인 결합으로 녹이 잘 생기지 않고 자성이 없으며 대부분의 스테인리스 제품이 이에 속한다.

STS316으로 표시되는 티타늄 스테인리스는 주로 의료용으로 사용하는 스테인리스로 부식이 잘 일어나지 않아서 염분이 강한 요리에도 사용하기 좋다. 그러나 가격이 비싼 것이 단점이다.

400계열은 300계열과 달리 자성이 있으며 니켈 없이 크롬만 함유하고 있다. STS430이 대표적이고 16-0으로도 표기되며 크롬 함유량은 16% 정도이다. 400계열 스테인리스는 자성이 있어서 인덕션에 사용이 가능하나 이것 역시 녹이 생기는 단점이 있다. 그러므로 400계열인 스테인리스 역시 확인하고 구매해야 한다.

◦ 200계열 스테인리스 그릇 ◦

◦ 400계열 스테인리스 잼팟 ◦

03
인덕션과 400계열

인덕션(INDUCTION)은 냄비에 자성이 있어야만 열을 발생시켜 조리가 가능하다. 예전에는 통3중과 통5중의 알루미늄과 스테인리스 사이에 자성에 반응하는 철을 넣어 만들었으나 최근에는 주로 냄비의 바깥 면을 400계열 STS430을 사용하여 인덕션용으로 제작한다.

◦ 인덕션에 사용 가능한 냄비의 표시 예 ◦

각 브랜드 홈페이지에는 크롬 스테인리스, 마그네틱 스테인리스 혹은 인덕션 스테인리스 등으로 표기되어 있으나 모두 400계열 스테인리스이다. 인덕션이 가능한 제품 역시 명칭이 무엇이든 바깥 면이 400계열로 되어 있다. 400계열은 300계열보다 녹에 취약하니 사용할 때 산과 염분에 노출되지 않게 주의해야 한다.

04
피팅 현상

스테인리스는 크롬과 니켈, 철의 안정적 결합이다. 그러나 스테인리스 냄비에 염분이 직접 닿은 상태에서 열이 가해지면 그 부분이 부식되어 흠집이 나는 현상을 피팅(PITTING)이라고 부른다. 피팅 현상이 일어나지 않게 하려면 물을 먼저 넣은 뒤 라면 수프나 소금을 넣어 조리하고 끓는 물에 넣을 때도 재빨리 저어서 녹여야 한다. 또한 시트러스 계열, 염분이 강한 요리는 오래 담아 두지 않는 것이 좋다. 만약 피팅 현상이 생겼을 때는 부식 방지를 위해 3SSS 수세미로 살짝 연마해주도록 한다.

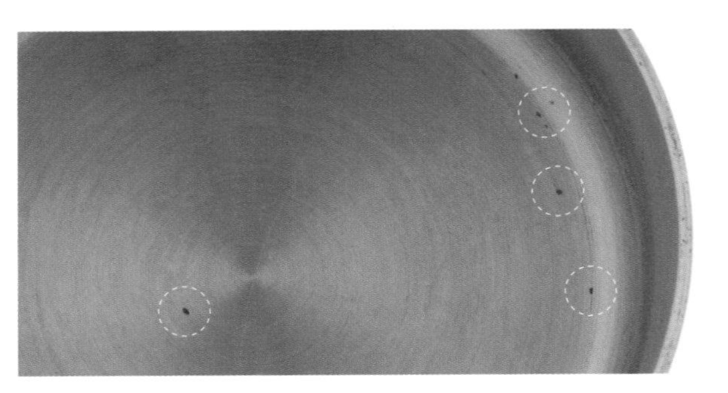

◦ 피팅 현상으로 난 흠집 ◦

05
스테인리스 손잡이 접합 방식의 장단점

보통 스테인리스 냄비의 손잡이는 리벳 방식과 용접 방식으로 붙인다. 리벳은 냄비 안쪽의 음식물이 닿아 주변에 찌꺼기가 끼기 쉬우므로 세척에 신경을 써야 하는 단점이 있으나 손잡이 연결이 튼튼한 것이 장점이다. 반대로 용접 방식은 냄비 안쪽의 손잡이 연결 부위가 없어 깔끔하지만 종종 손잡이가 분리되는 경우가 있으므로 참고해서 제품을 고르는 것이 좋다.

◦ 리벳 접합 냄비 ◦

◦ 용접 방식 냄비 ◦

STAINLESS 02

브랜드별 특징

01
휘슬러
Fissler

1845년 독일의 발명가 칼 필립 휘슬러(CARL PHILLIP FISSLER)가 창립한 브랜드로 1855년 최초로 주방기구 생산에 증기기관을 도입했다. 독일 삼색기를 이미지화한 노랑, 검정, 빨강의 동그란 패턴이 특징인 솔라(SOLAR) 시리즈가 오랜 인기를 누리고 있다. 솔라와 함께 오리지널 프로피(ORIGINAL PROFI)도 인기가 좋다. 전체 라인이 바닥3중 제품으로 압력솥 역시 바닥3중이다. 휘슬러는 방문판매나 백화점에서 구매가 가능하며 병행수입 제품은 저렴한 대신 국내 A/S가 불가능하다. 백화점 할인 행사 때 구매하면 A/S도 가능하고 가격도 저렴하다. 백화점 라인과는 다른 홈쇼핑에서 판매하는 제품도 있으므로 비교해서 구매하는 것이 좋다.

02
WMF

1853년에 독일의 가이슬링겐(GEISLINGEN) 지방에서 시작되었다. 1880년 금속회사인 리터앤코(RITTER&CO)와 합병하면서 현재의 WMF가 되었다. 냄비부터 베이킹용품, 호텔용품까지 다양하게 제작하고 있다. 자회사로 실리트(SILIT)가 있다. WMF 또한 휘슬러와 마찬가지로 전체 라인이 바닥3중인 것이 특징이며 똑같은 바닥3중 제품이지만 고가 라인 제품들이 더 무거운 편이다. WMF는 제품 라인도 많고 라인마다 가격 차이가 많이 난다. 특히 독일에서 생산되는 제품 라인이 따로 있고 상대적으로 비싸므로 제품별 생산지를 잘 알고 구매하는 것이 좋다.

독일 생산 라인	중국, 베트남 생산 라인
Concento	Astoria
Function 4	Colliet
Gourmet plus	Diadem plus
Nature series	Gala plus
Trend plus	Provence plus
Premium one	Quality plus

03
올클래드
All-Clad

미국의 존 울람(JOHN ULAM)이 1967년 스테인리스와 알루미늄 접착 기술을 개발하면서 1971년 설립하였다. 동시에 프로페셔널 등급의 통3중 주방용품을 최초로 출시했다. 옆면이 타지 않고 조리 온도가 일정하게 유지되는 통3중과 통5중 프라이팬이 가장 유명하며 해외 스타 셰프들도 많이 사용하고 있다. 올 스테인리스 계량컵과 계량스푼도 인기가 좋다. 국내에 입점한 윌리엄스 소노마(WILLIAMS SONOMA)나 해외 쇼핑사이트 아마존 등에서 구매가 가능하며 미국 추수감사절이나 크리스마스 시즌의 빅세일 기간을 활용한 해외구매가 가장 저렴하다.

04
쿡에버
Cookever

1994년 동남코리아에서 설립한 국내 브랜드로 해외 유명 제품들을 OEM(주문자 상표 부착 생산)으로 제작, 수출하며 쌓은 기술력을 바탕으로 다양한 제품을 개발해서 국내외에 판매하고 있다. 유명 브랜드 주방용품을 오래 제작해 온 만큼 자체 제작 브랜드 역시 기본적으로 마감이 좋은 편이다. 트렌드에 민감한 제품 개발과 소비자의 의견을 적극적으로 반영해 제품을 보완하는 것이 가장 큰 장점이다. 바닥3중과 통3중, 통5중 등 다양한 제품군이 있으며 여러 용도로 사용이 가능한 멀티팟의 인기가 좋다. 봄, 가을의 창고개방행사에서 B급 제품을 저렴하게 구입할 수도 있다.

05
PN풍년

1954년 설립되어 1970년대 초 외국식 압력솥을 접하고 국내로 수입, 개발한 것이 PN풍년의 시초이다. 1973년 국내 최초로 압력솥을 출시했다. 칙칙거리는 압력솥의 압력추 소리가 특징이며 가장 대표적인 국내 압력솥 브랜드이다. 국내 제품으로는 드물게 통7중 파비움(FAVIUM) 7PLY가 있다.

06
키친플라워
Kitchen Flower

1965년 남양스텐레스로 설립된 키친플라워는 국내를 대표하는 주방용품 브랜드 중 하나로 주방가전과 계절가전까지 영역을 넓히고 있다. 저렴하고 실용적인 제품들이 다양하며 플래티나 시리즈가 유명하다. 블로그나 카페 등의 온라인 공구가 많으므로 구매할 때 참고하는 것이 좋다.

07

샐러드마스터
Saladmaster

미국의 헤리 레몬즈(HARRY LEMMONS)가 1947년 샐러드마스터 머신을 판매하며 시작되었다. 1952년 스테인리스 주방기구를 선보이며 급격하게 성장했다. 방문판매 전용 브랜드로 티타늄 스테인리스의 내부와 인덕션 사용을 위한 400계열의 외부로 제작되어 있다. 가장 저렴한 세트가 300만 원이 넘을 만큼 고가인 것이 단점이지만 이벤트 행사 등을 잘 활용하면 여러 가지 혜택을 받을 수 있다. 전기냄비인 MP5와 오일 스킬렛의 사용이 편리하고 다용도 요리에 쓰임이 좋아 인기가 많다.

08

이딸라 툴스
Iittala Tools

이딸라는 1881년 핀란드 남서부의 작은 마을에서 소규모 유리 공방으로 시작된 브랜드로, 툴스는 스웨덴의 비욘 달스트롬(BJÖRN DAHLSTRÖM) 디자이너의 1998년 작품이다. 단순한 직선형의 심플함이 특징으로 가격은 비싸지만 선호하는 사람들이 많다. 영화 '카모메 식당'에 나온 부엌용품들이 인기를 끌면서 툴스 또한 국내에 많은 마니아층이 생겨났다. 통3중 구조이나 스테인리스 단면은 두껍고 무거운 편이다. 주로 해외직구를 통해 구입하지만 간혹 있는 국내의 로얄코펜하겐 아울렛 매장 행사에서 판매하기도 한다.

09
지오프로덕트
Geo Product

일본에서 1960년 미야자키 프레스로 시작해 1978년부터 백화점에 스테인리스 냄비와 주전자 등을 납품했다. 통7중 냄비는 1996년부터 생산했으며 이것이 현재의 지오프로덕트의 시작이다. 지오 제품은 7중인데 비해 무게는 가벼우며 가격도 비싸지 않은 편이다. 두께가 두껍고 내부가 매끈해서 잘 타지 않고 눌어붙지 않아 사용이 편리하고 손잡이까지 스테인리스로 되어 있어 오븐에 냄비째로 넣어 조리할 수 있다. 또한 세계 최초로 15년 보증을 실시하고 있다.
일본 브랜드이기 때문에 구매대행을 통하거나 온라인 쇼핑몰 라쿠텐에서 구매하는 방법도 있다.

STAINLESS 03

스테인리스 관리 및 사용

01 스테인리스 사용 전 세척하기

새 스테인리스 냄비에 남아 있는 연마제는 기름과 금속 잔여물로 되어 있어 중성세제만으로는 제거되지 않는다. 저렴한 제품일수록 연마제가 많은 경우가 있으니 꼭 전처리 후 세척하는 것이 중요하다. 여러 가지 방법이 있지만 오일과 식초물 2가지 방법 중 하나를 사용해 세척하는 것이 좋다.

1) 오일 세척법

01

키친타월에 오일을 묻혀 닦아준다.

02

연마제를 충분히 제거한 뒤 중성세제로 세척한다.

2) 식초물 세척법

01

냄비에 물과 식초를 5:1의 비율로 넣는다. 식초는 연마제를 용해시키는 역할을 한다.

02

스테인리스 제품을 넣고 끓여준 뒤 베이킹소다와 중성세제로 세척한다.

02
스테인리스의 예열

스테인리스 프라이팬은 무쇠나 철팬에 비해 예열이 더욱 중요하다. 예열을 잘 하지 않으면 식재료가 달라붙거나 기름을 과하게 흡수해서 음식의 모양과 맛이 떨어지기 때문이다.

01

스테인리스 프라이팬은 기본적으로 중간 불로 예열해서 열이 팬 전체로 골고루 퍼지게 하는 것이 좋다. 2~3분 뒤에 프라이팬 안에 손을 넣어 열기가 느껴지고 물을 튕겨서 물방울이 굴러다니면 예열이 잘 된 것이다.

02

예열이 된 팬 전체에 기름을 골고루 두르고 약불로 줄인 뒤 기름이 벌집 모양이 될 때까지 기다린다.

03

예열이 완료된 팬에 달걀을 깨뜨려 넣고 약불로 익힌다.

04

예열만 잘 하면 스테인리스 팬으로도 달라붙지 않게 달걀 프라이를 만들 수 있다.

03
미네랄 얼룩 제거하기

미네랄 얼룩은 미네랄 성분이나 캐러멜라이즈 된 얇은 오일막이 냄비에 남거나 혹은 너무 고온에서 조리했을 경우 세척한 뒤에도 냄비 바닥에 무지갯빛 얼룩이 생기는 것을 말한다. 중성세제로도 지워지지 않으므로 식초를 반 컵 정도 부어 골고루 얼룩을 닦고 5분 정도 방치한 뒤에 다시 세척하면 쉽게 지워진다.

◦ 미네랄 얼룩이 생긴 냄비 ◦

◦ 식초로 세척한 냄비 ◦

추천 스테인리스 요리

스파이시 해물 토마토 스튜

스테인리스는 여러 가지 식재료를 사용해 조리하기에
가장 무난하고 대중적인 재질이다.
다른 재질들 중에는 산성 식재료에 약한 것들이 있는 데 반해
스테인리스는 산에도 강해 토마토나 김치 등의
요리를 조리하기에 알맞다.

재료

오징어 ½마리
대하 5마리
홍합 8개
바지락 10개
가리비 6개
다진 양파 ½개
다진 샐러리 1대
다진 마늘 ½큰술
다진 페퍼론치노 6개
드라이 화이트와인 85㎖
토마토 통조림 1통
월계수 잎 1장
건조 오레가노 ½작은술
다진 파슬리 약간
올리브오일 약간

만드는 법

1 오징어는 내장을 제거하고 깨끗하게 씻은 뒤 큼직하게 자른다.
대하, 홍합, 바지락, 가리비도 깨끗이 씻어 준비한다.

2 프라이팬에 올리브오일을 두르고 다진 양파와 샐러리를 넣고 볶은 뒤
다진 마늘과 페퍼론치노를 넣고 볶는다.

3 화이트와인을 넣고 알코올이 날아갈 때까지 끓인다.

4 토마토 통조림, 월계수 잎, 오레가노를 넣고 끓으면
①의 홍합, 바지락, 가리비를 넣고 입을 벌릴 때까지 익힌다.

5 ①의 오징어, 대하를 넣고 살짝 익힌 뒤 다진 파슬리를 뿌린다.

6 그릇에 담고 바게트 등의 빵을 곁들여 낸다.

copper

COPPER 01

구리

구리 재질의 냄비는 유럽에서 오랫동안 사랑받아 왔으나 녹이 생기고 쉽게 얼룩져서 사용이 점차 줄어들었다. 특히 고가인 탓에 국내에서는 사용하는 사람들이 많지 않았다. 그러나 최근 구리의 장점이 부각되고 전용 세척제로 녹 관리가 쉬워지면서 사용자가 늘고 있다. 해외구매와 국내에서 제작한 구리 냄비가 등장한 것 또한 사용자가 많아지게 된 이유 중 하나이다. 구리 냄비는 열전도율이 좋아 재료가 타지 않고 단시간에 골고루 익혀주는 것이 장점이다. 소스용 팬과 볶음용 팬 등이 주로 많이 사용된다. 구리 제품은 기본적으로 인덕션에는 사용할 수 없지만 바닥에 스테인리스 400계열을 덧붙인 제품이나 인덕션 전용 받침대 위에 올리면 사용이 가능하다.

01
구리 두께와 열전도율

구리는 은 다음으로 열전도율이 높아 스테인리스에 비해 예열 시간이 오래 걸리지 않는다. 그래서 재료의 형태가 유지되고 빠른 조리가 가능하다. 구리 냄비의 두께는 두꺼울수록 열전도가 고르며 재료에 의한 열변화가 적어서 재료를 골고루 익혀준다. 반대로 얇으면 조리할 때 재료의 속이 익기 전에 겉의 열이 과해져 탈 수 있으니 볶음용 팬은 두께가 두꺼운 편이 좋다.

재질	열전도율(W/m℃)		
	25℃	125℃	225℃
철	80	68	60
스테인리스	16	17.5	19
알루미늄	250	255	250
금	310	312	310
은	420	418	415
구리	401	400	398

02
내부 재질, 주석과 스테인리스의 차이는?

구리 냄비의 내부는 스테인리스 또는 주석으로 되어 있는 것이 대부분이다. 기능적으로 주석은 열전도율이 높고 들러붙지 않는 논스틱(NON-STICK) 기능이 있으며 가공성이 뛰어난 장점이 있다. 그러나 염분에 의한 부식과 마모가 심해 사용하면 할수록 주석 코팅이 벗겨진다. 외국에서는 주석 내부가 마모될 경우 리코팅을 해서 사용하는 방법도 있지만 국내에서는 거의 불가능하다. 반대로 스테인리스는 구리의 열전도율을 떨어뜨리는 것이 단점이나 위생적이고 관리가 쉽다. 그래서 초기의 구리 냄비는 내부를 주석으로 제작하였으나 최근에는 스테인리스가 일반적이다.

◦ 내부가 주석인 구리 냄비 ◦

◦ 내부가 스테인리스인 구리 냄비 ◦

03 구리 냄비의 선택

보통 직화용 냄비는 최소 2.0㎜ 이상의 두께, 베이킹이나 서빙 용도로 사용할 경우에는 1.5㎜ 정도의 얇은 것을 선택하는 것이 좋다. 베이킹 팬이 너무 두꺼우면 팬 자체가 달궈지는 시간이 걸려서 윗면만 먼저 익고 바닥 부분은 늦게 익기 때문에 냄비보다 얇은 것이 더 좋다.

같은 브랜드라도 라인별로 구리의 두께가 다르고 손잡이 재질이 무쇠인지 스테인리스인지에 따라 관리법이 다르므로 디자인과 두께, 손잡이 종류를 구별해서 구매해야 한다.

유럽의 브랜드 없는 앤틱 냄비는 구리 함량이 낮고 너무 얇아서 요리할 때 재료가 타기 쉽다. 게다가 주석이 비싸기 때문에 내부 주석에 납을 섞은 것도 있어서 관상용이 아닌 조리용으로 사용할 경우 적합하지 않으므로 주의해야 한다.

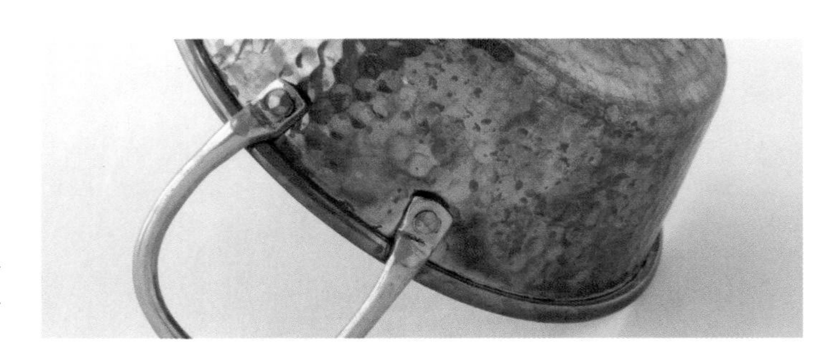

테두리가 말린 구리 제품의 경우
구리 두께가 얇은 것이 있으므로
선택할 때 유의해야 한다.

04
무쇠 손잡이와 스테인리스 손잡이

무쇠 손잡이는 디자인이 고풍스럽다. 손잡이가 무거운 편이라 웍(WOK)은 무게 중심이 화구에서 흔들릴 수 있으니 주의해야 한다. 또한 세척 후에 물기가 남으면 녹이 날 수 있다. 특히 연결 부위가 녹에 취약하니 물기를 잘 닦아준다.
스테인리스 손잡이는 사용하기 편리하고 무쇠 손잡이에 비해 덜 뜨겁다. 디자인은 무쇠에 비해 단순하고 현대적이다.
제품에 따라, 손잡이 종류에 따라 구리 두께가 달라지는 경우가 있으므로 구매할 때 꼼꼼하게 확인해야 한다.

◦ 무쇠 손잡이 ◦ ◦ 스테인리스 손잡이 ◦

05
스테인리스 냄비와 구리 냄비, 무슨 차이일까?

스테인리스 팬과 구리 팬은 열전도율에서 차이가 난다. 구리 팬이 열전도율이 높아 예열이 훨씬 빠르며 재료를 넣은 뒤에는 스테인리스 팬에 비해 온도 변화가 적기 때문에 빠른 조리가 가능하고 재료 형태가 망가지지 않아 영양소 파괴가 적다. 그래서 채소를 데치거나 볶는 요리, 오븐 요리에 알맞다.

◦ 구리 팬에 채소 볶기 ◦

COPPER 02

브랜드별 특징

01
모비엘
Mauviel

1300년대 프랑스 노르망디의 요리용 동냄비를 제작하던 업체로부터 시작됐다. 냄비 두께는 1.2㎜, 1.5㎜가 다수이며 2.0㎜, 2.5㎜도 있다. 모비엘은 구리 두께가 보통 전체 두께의 90% 정도이다. 손잡이는 스테인리스와 무쇠, 동 손잡이로 디자인과 재질이 달라 선택의 폭이 넓다.
미국 아마존에 비해 유럽 아마존 사이트의 가격이 더 저렴하고 할인을 자주 하는 편이다. 낮은 편수 소테와 윈저(WINDSOR) 팬을 많이 구매한다.

02
포크
Falk

벨기에 브뤼셀에 본사가 있으며 1958년 설립해 3대째 운영 중이다. 1985년 0.2㎜ 스테인리스에 2.3㎜ 구리를 접합하는 기술을 개발, 현재까지 판매하는 메인 제품에 사용하고 있다. 포크는 타 브랜드와는 달리 모든 제품의 구리가 2.3㎜이며 겉의 구리면이 무광으로 변색이 덜한 특징이 있다. 구리 두께가 두꺼워 열보존성이 좋으며 가장자리인 림(RIM) 부분이 모두 곡선으로 말려있는 푸어링 림(POURING RIM)으로 되어 있어서 요리를 옮길 때 냄비를 타고 국물이 흐르지 않는다. 포크코리아가 철수한 뒤로는 해외구매로만 가능하며 1년에 한두 번 하는 세일 기간을 활용하는 것이 저렴하다. 최근 겉면을 스텐으로 마감한 카퍼코어 제품이 출시되었다.

03
쿡에버
Cookever

국내 브랜드로 스테인리스304+알루미늄+구리의 통3중으로 만들어 구리가 얇은 편이나 스테인리스 제품보다는 열전도율을 향상시켰다. 구리 두께는 0.5㎜, 스테인리스+알루미늄은 2.0㎜이다. 시리즈에 따라 스테인리스 손잡이와 변색이 잘 되지 않는 PVD코팅(진공착색도금) 손잡이가 있으며 인덕션에 사용 가능한 제품들도 있다. 타 브랜드에 비해 가격이 저렴하며 동팟과 최근 개발한 프리미엄 코퍼 시리즈가 인기가 있다.

04
드부이에
de Buyer

1830년대의 프랑스 페이몬트 제조소(MANUFACTORY OF FAYMONT)로 출발, 1895년~1920년 사이에 크게 성장한 180년 역사의 냄비 제조 회사로 오랜 노하우를 바탕으로 최고급 제품을 생산한다. 구리팬과 함께 철팬도 유명하다. 냄비 두께는 1.0㎜, 1.5㎜, 2.0㎜가 있으며 드부이에 또한 냄비 두께의 90%가 구리이다.
측면이 둥근 편수 소테가 1~2인용 국 냄비, 소량의 볶음, 소스 등의 조리에 유용해 선호도가 높다.

COPPER 03

구리 관리 및 사용

01
구리 냄비의 사용

일반적으로 내부의 스테인리스가 얇은 편이기 때문에 스크래치와 부식을 조심해야 한다. 특히 염분에 의한 피팅(PITTING) 현상으로 내부 스테인리스의 패임이 심해질수 있으므로 주의하는 것이 좋다.

사용 전 세척은 스테인리스와 비슷하다. 내부의 연마제 제거를 위해 오일 혹은 식초물로 세척한 뒤 사용하면 된다.

02
구리 냄비 광내기

[구리 세척제 사용하기]

01

구리 세척제를 약간 덜어 더러워진 냄비에 조금씩 바른다.

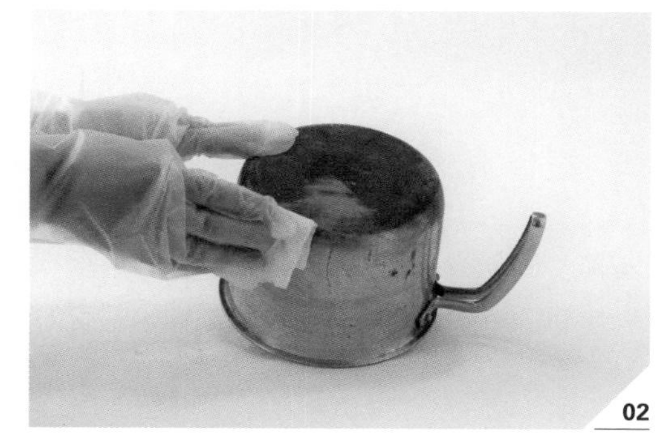

02

얼룩이 심한 곳은 반복해 문지른 뒤 부분에서 전체로 범위를 넓히며 닦아준다.

03

광택이 돌아오고 깨끗해지면 세제로 마무리 세척을 하고 물기를 닦아준다.

[소금 식초물 사용하기]

01

소금과 식초를 대략 1:2 정도의 비율로 섞은 뒤 구리에 스크래치가 나지 않게 잘 녹인다. 소금 식초물을 냄비에 붓는다.

02

녹을 닦아낸 뒤 세제를 사용해 세척하고 물기를 제거해서 보관한다.

◦ 소금 식초물을 사용한 냄비 ◦ ◦ 구리 세척제를 사용한 냄비 ◦

구리 세척제를 사용하면 매끈한 광택이 살아나며 소금 식초물을 사용하면 녹은 제거되지만 광택이 줄어든다.

추천 구리 요리

블랙빈 소스 볶음

구리는 열전도율이 높아서 볶음 요리에 사용하는 것이 좋다.
재료의 형태를 유지하며 수분의 손실 없이 조리가 가능해
중화풍의 볶음 요리나 야채 볶음 등에 알맞다.

재료

롱빈 200g
홍피망 ¼개
블랙빈 소스 1큰술
간장 ½큰술
식초 1작은술
참기름 1작은술
돼지고기 다짐육 80g
다진 생강 1작은술
다진 마늘 1작은술
식용유 적당량

만드는 법

1 롱빈은 깨끗하게 씻은 뒤 먹기 좋은 길이로 자르고 홍피망은 잘게 썬다.
2 작은 볼에 블랙빈 소스, 간장, 식초, 참기름을 넣고 섞는다.
3 달군 프라이팬에 식용유를 넉넉히 두르고 ①의 롱빈을 넣은 뒤 중간 불에서 6~7분 정도 볶는다.
4 돼지고기 다짐육, 다진 생강, 다진 마늘을 넣고 잠깐 볶다가 ②의 소스를 넣고 양념이 배도록 잘 볶는다.
5 ①의 홍피망을 넣고 살짝 볶은 뒤 접시에 담아낸다.

coating cast iron

코팅 무쇠

녹 관리가 어려워 한때 외면 받았던 무쇠 냄비는 에나멜 코팅을 한 무쇠 냄비의 등장으로 다시 인기를 얻게 되었다. 다양한 색상의 에나멜 코팅과 녹에 대한 불편함이 없어져 디자인과 실용성 2가지를 다 만족시킨 것이 그 이유였다. 덕분에 무쇠 냄비를 꺼려하던 사람들도 많이 사용하게 되었다.
뚜껑이 무거워 스테인리스에 비해 수분의 손실이 적으며 오래 푹 끓이는 요리나 국, 찌개에 많이 사용한다. 18㎝는 2인용, 22㎝는 4인용으로 쓰기 알맞고 르쿠르제 마미떼 18㎝와 스타우브 베이비웍은 식탁용으로 좋다. 무쇠는 화구의 종류에 관계없으며 열전도율이 좋아 하이라이트나 인덕션에서도 가스레인지와 별 차이 없이 사용이 가능하다.

01

블랙매트(Black Matte)와 에나멜(Enamel) 코팅의 차이

2종류 모두 같은 에나멜 코팅으로 법랑 코팅의 한 종류이다. 에나멜 코팅은 새틴(SATIN) 에나멜로 표면이 매끈하고 논스틱이며, 블랙매트 에나멜은 표면이 거칠고 고온에 더 잘 견딘다.
표면의 매끈하고 거친 질감은 에나멜 재료, 배합, 도포, 그리고 하유약과 상유약의 온도 차이에서 나온다. 특히 블랙매트의 에나멜 재료는 입자가 굵어서 특유의 거친 표면이 나타나게 된다.
내구성과 강도는 블랙매트가 좋은 편이나 표면의 거친 질감 때문에 세척 후에도 음식물 찌꺼기가 남아 얼룩이 생기는 경우가 있다.

02

에나멜 코팅의 얼룩 제거

에나멜 코팅에 얼룩이나 탄 자국이 생긴 경우는 베이킹소다를 반 컵 이상 진하게 물에 풀어 끓여주면 된다. 얼룩이 벗겨지지 않는 경우 끓인 그대로 며칠 방치하거나 베이킹소다에 물을 섞어 걸쭉한 상태로 발라주고 며칠 뒤에 세척하면 탄 자국이 잘 벗겨진다. 또 여러 번 사용해서 부드러워진 3SSS 수세미의 회색 면으로 살살 문질러 벗겨내는 방법도 있다.

01 카레 얼룩이 남은 냄비

02 베이킹소다 넣고 끓이기

◦ 세척한 뒤의 냄비 ◦

03

냄비에 녹이 생겼을 때

부드러워진 3SSS 수세미로 녹을 살살 문지른 뒤 물기를 제거하고 식용 기름을 발라주면 된다. 냄비를 세척하고 물기가 남은 채로 뚜껑을 덮어서 보관하면 테두리에 녹이 생기기 때문에 각각 따로 자연건조를 하거나 물기를 제거한 뒤 보관한다.

테두리에 녹이 생긴 냄비 뚜껑

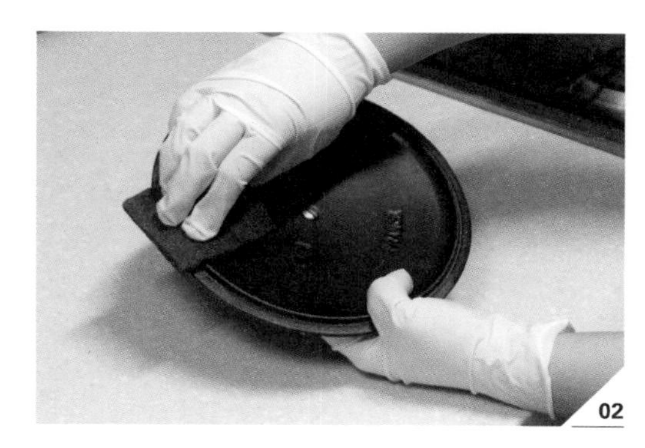

3SSS 수세미로 녹 닦기

◦ 녹이 남아 있는 뚜껑과 녹을 닦은 뚜껑의 비교 ◦

04
뚜껑 손잡이의 색이 변하고 얼룩이 졌을 때

[동 손잡이]

01

동으로 된 뚜껑 손잡이는 사용하다 보면 쉽게 변색된다.

02

세제로 변색이 지워지지 않을 때는 구리 세척제를 사용해 닦아 준다.

03

얼룩이 지워지면 중성세제로 세척한 뒤 물기를 제거한다.

tip. 니켈 손잡이의 경우 동 손잡이와 동일한 방법으로 스테인리스 세척제를 이용해서 닦아주고 중성세제로 세척한다.

05
코팅 무쇠의 적, 당분

무쇠 냄비들이 무수분 요리와 저수분 요리가 가능하다고 하지만 자체에 수분이 적은 재료들은 무수분으로 조리를 할 때 냄비에 무리를 주기 때문에 코팅을 상하게 한다. 특히 고구마의 무수분 조리는 흘러나온 당분이 접착제처럼 끈적끈적하게 표면에 달라붙어 코팅을 떨어뜨린다. 그래서 고구마나 감자 같은 수분이 적은 재료들은 단순 무쇠에 조리하는 것이 더 좋다.

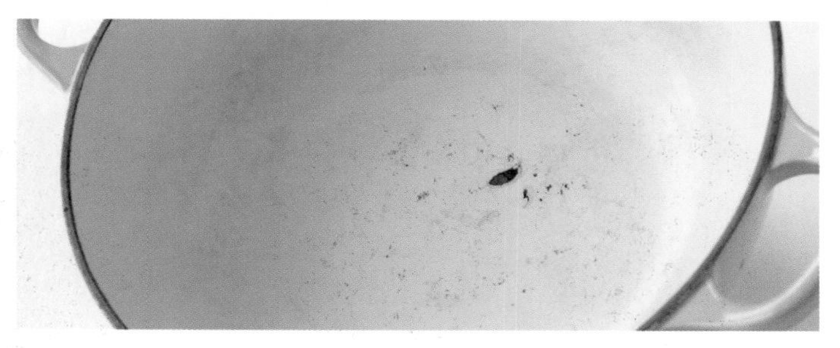

◦ 내부 코팅이 파손된 냄비 ◦

06
에나멜 코팅 무쇠는 길들이기가 필요한 걸까?

가끔 코팅 무쇠에 기름을 발라서 굽는 경우가 있는데 이건 금물이다. 안에 음식물이 없는 채로 가열하다 보면 코팅과 무쇠가 분리되는 경우가 있기 때문이다. 그리고 따로 길들일 필요가 없으므로 세제로 세척해서 사용하면 된다.

07
무쇠도 깨진다?

무쇠는 단단하기 때문에 깨지지 않는다고 생각하지만 강한 충격과 급격한 온도 변화에 의해 파손될 수 있다. 냉장고에 보관한 냄비를 바로 화구에 올려 가열하거나 뜨거운 냄비에 갑자기 찬물을 붓는 등 급격한 온도 변화가 생기면 코팅과 무쇠에 손상이 생길 수 있으므로 주의하는 것이 좋다.

◦ 충격이나 급격한 온도 변화에 파손된 무쇠 냄비 ◦

08
무쇠의 리코팅

내부 코팅이 약간 떨어진 에나멜 무쇠 냄비는 오일을 발라서 길들이기를 한 뒤 사용할 수 있다. 길들이기가 잘 되어서 그대로 사용할 수 있는 경우는 괜찮지만 전반적으로 코팅이 약해져 계속 떨어지면 리코팅(RECOATING)을 하는 것이 좋다. 리코팅은 보통 에나멜 코팅과 블랙매트 코팅 2가지가 있는데, 블랙매트 코팅이 완성품과 시판 제품의 마감차이가 적은 편이다.

◦ 기존의 에나멜 코팅 뚜껑(좌)과 리코팅한 뚜껑(우) ◦

◦ 기존의 에나멜 코팅 바닥(좌)과 리코팅한 바닥(우) ◦

09
에나멜 코팅의 세척

부드러운 수세미를 사용해 중성세제와 베이킹소다로 세척한다. 쇠수세미나 초록 수세미는 사용하면 안 되고 식기세척기 또한 외부의 코팅을 약하게 하고 변색되게 하므로 피해야 한다.

블랙매트의 경우 거친 표면에 찌꺼기가 남는 경우가 있으므로 솔을 이용해 추가 세척을 해준다. 아이보리 에나멜은 색이 진한 음식의 얼룩이 생기면 잘 빠지지 않으므로 바로 세척해야 한다. 블랙매트의 미네랄 혹은 단백질 얼룩은 베이킹소다를 사용해 끓여 없애거나 기름을 발라 문질러주고 세제로 다시 세척한다.

COATING CAST IRON 02

브랜드별 특징

01
스타우브
Staub

프랑스 출신의 주물 냄비로 1974년 프랑시스 스타우브(FRANCIS STAUB)가 창립, 이후 2008년 독일 츠빌링 그룹에 인수되어 현재에 이르고 있다.

르쿠르제와 함께 코팅 주물 냄비의 양대 산맥을 이루는 스타우브는 외부의 에나멜 코팅과 내부의 블랙매트 코팅이 특징이다. 특히 여러 겹으로 처리된 외부의 마졸리카(MAJOLICA) 코팅은 바탕의 검은색과 그 위에 덧입혀진 색상의 조화가 남성적이면서도 우아한 느낌을 준다.

스타우브의 냄비 내부는 검은색의 거친 블랙매트 코팅으로 되어 있어 착색이 되지 않으며, 뚜껑의 돌기는 맺힌 수분이 다시 음식 위로 떨어지게 함으로써 냄비에 눈물자국이 생기는 것을 막고 음식이 더 촉촉해지도록 만들어 수분 손실을 줄인다. 또 열전도가 빠르고 영양손실이 적어 오래 푹 끓이는 요리에 효과적이다. 도자기에 유약을 바른 듯한 색감으로 식탁에 바로 올려도 잘 어울리고 잔열이 오래가서 식사 내내 따뜻하게 음식을 먹을 수 있다.

백화점, 국내 아울렛, 온라인 병행수입, 해외직구 등으로 구매가 가능하며 연말 패밀리 세일을 활용하면 비교적 저렴하게 살 수 있다.

◦ 뚜껑 내부의 돌기 ◦

02
르크루제
Le Creuset

1925년 프랑스 북부에서 아르망 드사제르(ARMAND DESAEGHER)와 옥타브 오베크(OCTAVE AUBECQ)가 창립했다. 이후 1987년 더 프리스티지 그룹(THE PRESTIGE GROUP PLC.)이 인수하면서 다양한 재질의 제품을 개발하게 된다.
우리가 알고 있는 르크루제의 화려한 색감은 1934년에 선명한 컬러의 제품을 생산하면서 시작되었다. 프랑스 출신의 세계적인 브랜드로 알려져 있는 르크루제는 시즌마다 2천여 가지의 색상을 조합해 새로운 색상의 제품을 선보이고 있다.
르크루제의 냄비 내부는 아이보리 에나멜 코팅의 3단계 수작업 공정으로 만들어지는 것이 특징이며, 스타우브가 스틸 소재의 뚜껑 손잡이를 쓰는 것과는 달리 르크루제는 플라스틱과 니켈 2종류의 손잡이가 있어 취향과 실용성에 따라 부착이 가능하다.

◦ 플라스틱과 니켈 손잡이 ◦

03
차세르
Chasseur

1924년에 프랑스 샹파뉴 아르덴(CHAMPAGNE-ARDENNE) 지방의 돈셰리(DONCHERY)에 설립된 차세르는 2단계 코팅이 특징이다. 외부의 코팅은 밝은 색상이 주를 이루며 르쿠르제와 비슷한 느낌이다. 내부는 아이보리 에나멜과 블랙매트 2가지 코팅이 있으며 가격이 스타우브나 르쿠르제보다는 약간 저렴한 편이다. 스타우브 베이비웍보다 약간 큰 18㎝ 미니웍의 쓰임이 좋다.

04

버미큘라
Vermicular

일본 최초의 에나멜 코팅 주물 냄비로 2007년 개발을 시작해 2010년에 발매했다. 뚜껑과 냄비 사이의 틈이 거의 없어 다른 주물 냄비에 비해 수증기와 열 손실이 적고 그래서 맛있는 냄비밥을 만들 수 있는 것으로 유명하다.
파스텔톤의 외부와 내부의 하얀 에나멜 코팅이 특징이나 겉이 블랙매트인 색상은 내부도 블랙매트이다. 에나멜 코팅의 변색이 부담스럽다면 블랙매트 코팅이 사용하기 편리하다. 버미큘라 코리아에서 구매할 수 있으며 일본 구매가 조금 더 저렴한 편이다.

05

실리트
Silit

1920년 독일 남부의 리들링엔(RIEDLINGEN)에서 설립됐으며 1998년 WMF에 합병되었다.
세균의 성장과 번식을 막아준다는 실라간(SILARGAN)을 사용한 코팅이 특징이다. 실라간은 유리질과 세라믹 그리고 여러 가지 천연 광물을 고온에서 용해한 뒤 급속 냉각해 만든 독특한 재질이다. 무쇠철판을 압축해 냄비를 만들고 실라간 도장을 한 뒤에 860℃에서 구워내 표면을 도색하고 구워내는 과정을 반복해 완성한다. 무게가 무거운 만큼 재료를 푹 익혀주지만 그에 비해 재료 모양이 뭉개지지 않는 장점이 있다. 실라간 코팅으로 되어 있어서 스테인리스처럼 얼룩이 쉽게 생기지 않고 관리가 편하다.

추천 코팅 무쇠 요리

칠리

코팅이 되어 녹으로부터 편리해진 코팅 무쇠 냄비는
오랜 시간 조리하는 국이나 찌개, 스튜 등에 사용하기 좋다.
특히나 무거운 뚜껑으로 인해 수분 손실이 적어서
경상도식 소고기 뭇국이나 미역국, 김치찜 등을 요리하기에 알맞다.

재료

키드니빈 통조림 1통
다진 양파 1개
소고기 다짐육 300g
돼지고기 다짐육 150g
다진 마늘 1큰술
토마토 통조림 1통
칠리 파우더 1과 ½큰술
건조 오레가노 1과 ½작은술
파프리카 파우더 1작은술
강황 파우더 ½작은술
소금 1작은술
물 125㎖
식용유 약간
사워크림 약간
고수 약간
체다 치즈 약간
토르티야 칩이나 바게트 약간

만드는 법

1 키드니빈은 체에 받쳐 흐르는 물에 헹군 뒤 물기를 뺀다.

2 팬에 식용유를 두르고 다진 양파를 넣어 2~3분 볶은 뒤 소고기 다짐육, 돼지고기 다짐육을 넣고 볶는다.

3 고기가 다 익으면 다진 마늘을 넣고 살짝 볶는다.

4 불에서 내린 뒤 체에 받쳐 기름과 물을 따라 버린다.

5 토마토, 칠리 파우더, 오레가노, 파프리카 파우더, 강황 파우더, 소금, 물을 넣고 불에 올려 끓인다.

6 끓어오르면 불을 줄이고 약불에서 뚜껑을 덮고 40~50분 정도 끓인다. 중간에 한 번씩 뚜껑을 열고 저어준다.

7 ①의 키드니빈을 넣고 다시 한번 끓여준 뒤 약불로 줄여 20분 정도 더 끓인다.

8 볼에 담고 사워크림, 채 썬 고수, 체다 치즈를 올린 뒤 토르티야 칩이나 바게트과 함께 낸다.

* 칠리 파우더는 파프리카 파우더, 카이엔 페퍼, 오레가노, 커민 등의 향신료를 섞은 것으로 국내에서 시판되는 칠리 파우더는 파프리카 대신 칠리가 들어있어 매운 제품도 있으므로 확인하고 사용한다. 칠리 파우더가 없을 경우 파프리카 파우더로 대체할 수 있다.

* 칠리는 핫도그나 프렌치 프라이 위에 치즈와 함께 올려 서빙해도 좋다.

cast iron

단순 무쇠

전통적으로 사용해오던 단순 무쇠 냄비들은 일제 강점기와 전쟁을 거치며 법랑이나 알루미늄 냄비로 바뀌었고 이후 점차 사라졌다. 무겁고 녹이 쉽게 생기며 관리가 어려운 것도 사용자가 줄어든 원인이었다.
그러나 전통적인 무쇠 솥이 가정에서 쓰기 좋은 작은 사이즈로 제작되고 코팅 프라이팬의 유해성이 알려지면서 단순 무쇠 프라이팬을 사용하는 사람들이 늘고 있다. 코팅 팬과는 달리 길들이기를 반복하면 평생 사용이 가능할 뿐만 아니라 전이나 튀김의 조리 시간을 줄여주고 바삭하게 만들어 주는 것도 장점이다.
단순 무쇠도 화구 종류와 관계없이 사용이 가능하지만 바닥이 평평한 제품을 써야 하이라이트나 인덕션과 접촉하는 부분이 넓어 열전도율이 떨어지지 않는다.

01
무쇠 녹과 스테인리스 녹

무쇠 성분은 탄소와 철로 이루어져 있으며 물에 닿거나 산소와 반응해 산화철이 되어 녹이 난다. 혹여 섭취하더라도 철분 성분이기 때문에 인체에 유해하지 않으나 많이 섭취하는 것은 좋지 않다. 녹이 생기면 수세미로 문지르고 기름을 발라 녹을 제거한 뒤 사용한다.

3SSS 수세미로 무쇠 녹 벗겨 내기

불 위에서 기름칠해서 길들이기

스테인리스는 크롬과 철의 결합으로 이루어져 있어서 녹이 생기면 철뿐만 아니라 크롬도 용출된다. 녹이 생긴 그대로 사용하면 유해물질을 섭취하게 되므로 좋지 않다.

◦ 유해물질이 용출된 스테인리스 녹 ◦

02 무쇠 팬의 사용과 철분 섭취

무쇠 팬은 탄소와 철분이 주성분으로, 영국 리버풀 대학 논문에 의하면 무쇠 팬에 음식을 조리하면 철분 섭취가 가능해 빈혈 개선에 효과가 있다고 한다. 그러나 의학의료전문사이트(MEDSCAPE)에서는 6세 미만 아이들은 되도록 단순 무쇠에 조리한 음식의 섭취를 피해야 한다고 밝혔다. 과한 철분을 섭취하게 되면 철중독증을 일으킬 수도 있기 때문이다.

CAST IRON 02

브랜드별 특징

01
운틴가마

국내 제품으로 2003년에 운틴가마 브랜드를 창업했다. 조부와 부친이 강원도에서 운영하던 주물공장 가업을 아들인 최삼규 씨가 경남 김해에서 다시 이어가고 있다.
전통적 디자인의 전골팬과 프라이팬, 가마솥이 유명하다. 길들이기가 된 것과 안 된 것을 선택해 구매할 수 있고, 초보인 경우에는 추가 비용이 들지만 길들이기가 된 것으로 구매하는 것이 편하다.

02
무쇠나라

합리적인 가격과 실용적이며 현대적 디자인의 원형, 사각 프라이팬이 유명한 국내 브랜드로 초보자들이 사용하기 쉽게 길들이기가 된 제품을 판매한다. 롯지에 비해 표면이 매끈한 것이 특징이다.

03
롯지
Lodge

미국의 조셉 롯지가 설립한 120년 전통의 무쇠 조리 도구 브랜드이다. 캠핑용 요리에 맞는 제품들이 다양하며 그중 더치 오븐의 인기가 좋다. 최근에는 마트나 아울렛 등에서 많이 판매하고 있으며 가격도 예전에 비해 많이 저렴해졌다. 보통 집에서는 8인치나 10인치 스킬렛이 사용하기 적당하다.

04
이와츄
Iwachu

1960년 창업한 이와츄는 철기의 본고장 일본 모리오카의 탑브랜드로 유럽, 아메리카 등 세계적으로 진출해 있다. 주전자, 프라이팬, 전골팬 등 다양한 제품이 인기 있다. 이와츄 코리아 및 온라인 구매도 가능하다. 달걀말이팬이 무쇠인데 비해 두께가 얇아 예열이 오래 걸리지 않고 적당한 사이즈라서 실용성이 뛰어나다. 가장 유명한 전골팬은 뚜껑이 나무라서 습기에 노출시키지 않아야 오래 사용할 수 있다.

05

오이겐
Oigen

160년 된 브랜드로 철기가 유명한 일본 이와테현 오슈시에서 1852년에 창립했다. 작고 독특하며 귀여운 디자인의 무쇠 팬들이 많다. 바닥 부분이 두툼해서 예열에 시간이 꽤 걸리는 편이다. 게다가 표면의 요철이 많아 예열이 제대로 되지 않으면 식재료가 달라붙기 때문에 주의해야 한다. 주로 국내 주방용품 사이트나 일본 해외구매로 구입이 가능하다.

06

파이넥스
Finex

미국 오레곤주 포틀랜드에서 설립된 브랜드이다. 최근 인기를 얻고 있는 주물 연마 제품으로 손잡이가 스테인리스링으로 장식되어 있다. 바닥이 굉장히 매끈하게 연마되어 있으며 두께가 두툼해서 무거운 편이다. 가정용과 캠핑용으로 두루 쓰인다.
윌리엄스 소노마나 미국 파이넥스 사이트에서 구매할 수 있으며 최근 공식 수입되어서 국내 구매도 가능하다. 해외와 국내 가격의 차이가 거의 없으며 오히려 국내 구매가 해외의 세일가와 비슷한 정도이다.

07
필드컴퍼니
Field Company

미국 브랜드로 빈티지 주물 팬에 비해 최근 생산된 제품들의 품질에 실망을 느껴 직접 제작을 한 것이 시초라고 한다. 주문제작, 수제연마가 특징이며 보통의 무쇠 프라이팬에 비해 가볍고 바닥과 측면, 모두를 연마해 코팅 프라이팬 못지 않게 매끄럽다. 재활용 철을 이용해서 제작하며 수제품이라 주문한 뒤 기다려야 하는 경우도 있다.
미국 필드컴퍼니 홈페이지에서 주문이 가능하며 메일링 리스트에 등록하면 할인 쿠폰을 받을 수 있다.

08
스타게이저
Stargazer

2015년 디자이너 피터 헌틀리(PETER HUNTLEY)가 두 친구와 함께 설립한 주물 팬 회사로 필드컴퍼니처럼 내부를 연마한 제품이다. 무쇠 제품인데도 손잡이가 많이 뜨거워지지 않으며 길들이기 된 것과 안 된 것, 2가지를 판매하고 있다. 미국 스타게이저 홈페이지에서 구매가 가능하며 한국으로 직배송도 된다.

CAST IRON 03

단순 무쇠 관리 및 사용

01 단순 무쇠 사용하기

단순 무쇠는 세제를 사용하면 길들인 것이 벗겨지기 때문에 되도록 사용하지 않는 것이 좋다. 일반적으로는 뜨거운 물에 밀가루로 세척하고 기름때가 많이 두꺼워졌을 때는 베이킹소다와 세제 약간으로 세척한다. 세척한 뒤에는 물기를 말려 보관해야 녹이 생기지 않는다. 프라이팬은 기름을 사용하기 때문에 녹이 덜 나지만 냄비는 기름을 발라 주기적으로 길들이기를 다시 해주며 관리해야 한다.

02
무쇠 첫 길들이기

길들이기가 되지 않은 단순 무쇠는 흑연, 백연가루가 묻어 있어서 베이킹소다 혹은 식초로 세척해야 한다.

불에 말려 기름을 발라가며 오븐 혹은 가스불에 구워준다. 갈색으로 길들이기가 되면 야채를 한번 볶아준 뒤 버리고 사용한다.

03
다시 길들이기

길들이기를 한 상태로 쓰다 보면 길들이기 한 표면이 두꺼워지면서 검은 조각이 떨어지기 시작한다. 그럴 때는 길들인 것을 벗겨내고 다시 길들이기를 해줘야 한다.

먼저 큰 냄비에 베이킹소다를 듬뿍 푼 물을 채우고 냄비 혹은 프라이팬을 담가 삶아서 길들이기 한 것을 벗겨낸다. 혹은 센 불에 올려 연기가 나게 태워가면서 끝이 일자인 뒤집개 같은 것으로 벗겨낸다.

그래도 남은 것들은 500~800방 사포를 이용해 은색의 무쇠가 보일 때까지 벗겨내고 베이킹소다를 뿌려 세척한다. 그 뒤 불에 구워가며 기름을 발라 다시 길들인다.

센 불에 태워가며 긁어내기

다시 기름칠하며 길들이기

추천 단순 무쇠 요리

더치 베이비

단순 무쇠는 주로 부침류나 튀김류 등 기름 요리에 사용하는 것이 녹 발생을 막기도 하고 무쇠의 열을 보존하는 특징에도 알맞다. 특히 화구와 오븐을 동시에 사용하는 요리에도 쓰임이 좋다.

재료

달걀 3개
우유 125㎖
중력분 ½컵(125㎖)
바닐라 농축액 ½작은술
시나몬파우더 ¼작은술
버터 1큰술
레몬즙 약간
슈거파우더 약간
메이플시럽 약간
각종 과일 약간

만드는 법

1 오븐은 230℃로 예열하고 팬은 오븐에 넣어 뜨겁게 달군다.
2 큰 볼에 실온 상태의 달걀을 넣고 거품기로 색이 옅어질 때까지 거품을 낸다.
3 실온 상태의 우유, 체 친 중력분, 바닐라 농축액, 시나몬파우더를 넣고 덩어리 없는 부드러운 반죽이 되도록 섞는다.
4 오븐에 달군 ①의 팬을 꺼내 버터를 넣고 돌려가며 고루 편다.
5 ③의 반죽을 붓고 재빨리 오븐에 다시 넣은 뒤 15~20분 정도 굽는다.
6 오븐에서 꺼내 레몬즙, 슈거파우더, 메이플시럽, 과일 등을 곁들여 낸다.

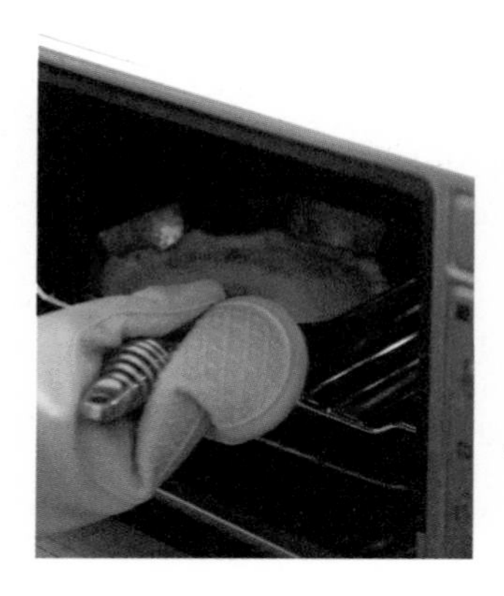

earthen pot

EARTHEN POT 01

뚝배기

뚝배기는 전통적으로 오래 사용해왔기 때문에 오히려 어떤 제품을 구매해야 할지 결정하기가 더 어렵다. 실제로 판매하는 제품들은 많지만 표준적인 품질이 정해져 있지 않고 다른 재질의 주방용품들과는 달리 유명한 브랜드도 많지 않아 선택이 쉽지 않다. 특히 예전에는 광명단 유약을 쓰는 경우도 있었고 근래의 저렴한 뚝배기 또한 저가의 유약을 사용하기 때문에 너무 싼 제품은 구매하지 않는 것이 좋다.

뚝배기는 미세한 구멍이 있어서 발효음식의 조리에 좋고 음식의 부패를 억제하는 장점이 있다. 또 보온성이 뛰어나 따뜻한 음식을 식탁 위에 올려놓고 먹기에도 좋다. 그래서 된장찌개나 달걀찜에 많이 사용한다. 뚝배기는 가스나 하이라이트에 사용이 가능하지만 인덕션에는 사용할 수 없다. 그리고 너무 작은 뚝배기는 하이라이트가 인식을 못하는 경우도 있으므로 화구 사이즈에 맞는 제품을 선택해야 한다.

01
뚝배기와 세제

뚝배기는 기공이 많기 때문에 세척할 때 기공으로 들어간 세제가 조리 시에 다시 용출이 된다. 그래서 되도록 세제를 사용하지 않는 것이 좋고 혹시 사용하더라도 식품 첨가물 성분의 세척제나 천연 성분의 세제가 좋다. 얼룩이 생기면 베이킹소다를 넣고 끓인 뒤에 부드러운 솔로 닦아준다.

02
뚝배기의 불 조절 및 사용법

뚝배기는 수분 흡수율이 높아 물에 30분 이상 담가두면 안 된다. 도기 자체가 물을 흡수해 약해져서 금이 가거나 파손될 수 있기 때문이다. 장류의 음식을 오래 담아 보관하면 그 후에 다시 세척해서 사용해도 소금꽃이 필 수 있다. 이 경우는 여러 번 물을 넣고 끓여 주면 소금기가 사라진다. 또 달궈진 상태에서 찬물을 붓지 않고 중간 불 이하로 사용해 도기에 무리를 주지 않는 것이 좋다. 기공이 많은 만큼 온도 변화가 심하면 깨질 수 있다. 특히나 물기를 말린다고 빈 뚝배기를 가열하는 것은 좋지 않다.

◦ 염분으로 인해 소금꽃이 핀 뚝배기 ◦

03

저가 유약의 납 용출

납이 함유된 저가 유약은 광택이 좋고 낮은 온도에서 잘 녹아 뚝배기 유약으로 사용되는 경우가 많다. 그러나 염분이나 고열에 납이 녹아 나와 음식과 함께 섭취하면 건강에 영향을 끼칠 수 있다. 그러므로 성분 분석표를 제공하는 업체의 제품을 구매하는 것이 좋다.

04

뚝배기의 전처리

전통적 뚝배기는 내열토로 제작해 기공이 많다. 처음부터 그대로 요리에 사용하면 음식 잔여물이나 염분이 과하게 스며들 수 있다. 그래서 기공을 막아주는 전처리 작업이 필요하다. 물로 세척한 뒤 밀가루를 푼 물 혹은 쌀뜨물을 넣고 15~30분 정도 끓여준다. 물은 식혀서 버리고 다시 깨끗한 물로 세척해서 사용한다. 첫 요리는 죽이나 밥 짓기를 하는 것이 좋다.

EARTHEN POT 02

브랜드별 특징

01
밈

독특한 디자인의 밈은 최근 주부들에게 가장 사랑 받는 뚝배기 브랜드이다.
정원섭 작가와 이현규 작가가 함께 운영하고 있으며 최근 작업실을 이천에서 여주로 옮겨 작업하고 있다. 국악에서 한 음을 올릴 때 사용하는 기호 '밈'을 브랜드 네임으로 사용하고 있으며 별, 앙, 밤 등 제품 이름 또한 특이하다.

02
광주요

다양한 그릇 라인에 맞게 뚝배기도 다양한 라인과 사이즈가 있다. 광주요 뚝배기는 다른 뚝배기와 달리 뚜껑이 자기로 되어 있는 것들도 있다.

03
일본 뚝배기

킨토(KINTO), 마메종, 만고야끼 돌솥 등이 주로 국내에 판매되는 뚝배기이다. 우리나라는 된장찌개나 달걀찜용으로 뚝배기를 사용해서 작은 사이즈를 선호하는 반면, 일본은 밥을 하거나 전골요리용으로 많이 사용한다. 그래서 일본 뚝배기는 주로 밥솥 냄비와 전골용 냄비가 많다.

추천 뚝배기 요리

우렁 강된장

식탁에 바로 올려 오랫동안 따뜻하게 음식을 먹을 수 있는 것이
뚝배기의 강점이다. 그래서 된장찌개나 달걀찜 등
냄비째 바로 올려 먹는 음식들에 사용하는 것이 알맞다.

재료

손질된 우렁 100g
양파 ¼개
당근 ¼개
호박 ¼개
새송이버섯 ½개
(또는 표고버섯 3개)
두부 ¼모
대파 2큰술
청양고추 1개
물 1컵(250㎖)
멸치 20g
된장 2와 ½큰술
고추장 ½큰술
고춧가루 ½큰술
다진 마늘 ½큰술
쇠고기 다짐육 50g

만드는 법

1 손질된 우렁은 물에 한 번 헹군다. 손질되지 않은 우렁은 밀가루 약간과 굵은 소금을 넣고 조물조물 주물러 씻은 뒤 두세 번 헹군다.
2 양파, 당근, 호박, 버섯, 두부는 작게 깍둑썰기한다.
3 대파는 어슷썰고 청양고추는 송송 썬다.
4 뚝배기에 물과 멸치를 넣고 끓어오르면 거품을 걷어낸 다음 약불로 줄여 잠깐 끓인 뒤 멸치를 건져낸다.
5 된장, 고추장, 고춧가루, 다진 마늘, 다진 고기를 넣는다.
6 끓어오르면 약불로 줄여 잠시 끓인 뒤 ②의 양파, 당근, 호박, 버섯을 넣는다.
7 채소가 어느 정도 익으면 ①의 우렁, ②의 두부를 넣고 끓인다.
8 ③의 대파, 청양고추를 넣고 살짝 더 끓인다.

iron

IRON 01

철팬

철팬은 가정에서 잘 사용하지 않던 재질의 제품이었으나 코팅 프라이팬의 유해성이 알려지면서 사용하기 시작했다. 무쇠보다는 가볍고 사용하기 편한 것이 장점이며 육류의 겉을 빠르게 익혀서 육즙이 빠져나오지 않게 해주므로 고기 요리에 많이 사용한다.

녹이 잘 생기지만 단순 무쇠처럼 오일로 관리해주면 철팬도 오래 사용할 수 있다. 화구 종류에 상관없으나 웍은 하이라이트나 인덕션에서 사용하면 열전도율이 떨어져서 조리시간이 오래 걸리므로 비효율적이다.

01
철팬의 녹 제거

3SSS 수세미 혹은 800번 이상의 사포로 녹을 제거하고 베이킹소다를 사용해 세척한 뒤 기름을 발라 구워준다. 녹이 묻어 나오지 않을 때까지 기름을 바르고 닦기를 반복한다.

◦ 녹이 난 철팬 ◦

◦ 3SSS 수세미로 녹 제거하기

02

무쇠와 철팬의 예열 그리고 달걀프라이

무쇠와 철팬은 예열이 중요하다. 스테인리스 프라이팬보다는 편하지만 코팅 팬에 익숙한 사람은 예열의 타이밍을 맞추기가 쉽지 않다. 제일 쉬운 방법은 팬에 기름을 두르고 중간 불에 올려 연기가 살짝 나면 일단 불을 끈다. 그리고 1~2분 뒤에 불을 약하게 켜서 기름이 달궈지면 달걀을 깨뜨려 익히면 된다.

예열한 프라이팬에 달걀 굽기

팬에 달라붙지 않게 완성된 달걀프라이

03

철팬과 상극인 재료들

철팬은 철로 되어 있기 때문에 산에 취약하다. 특히 토마토, 토마토 소스, 김치 등 산성이 강한 음식을 철팬에 조리하면 철팬 자체도 산에 손상되지만 음식에도 철 성분이 과하게 녹아 나와 맛이 좋지 않다.

◦ 김치를 볶은 뒤 녹이 난 철팬 ◦

브랜드별 특징

01 드부이에 de Buyer

[미네랄(Mineral) 팬]

천연왁스로 코팅해서 녹이 덜 나며 전처리 작업 시에 녹 방지 코팅을 벗겨내는 수고를 덜어 편하다. 열전도율이 높으며 폴스블루 팬에 비해 조금 더 두껍다.

[폴스블루(Force Blue) 팬]

산화 방지를 위한 목적으로 특수 열처리를 해서 표면의 코팅이 푸른빛이 돈다. 코팅 자체는 인체에 무해하나 코팅을 벗겨서 사용하는 것이 좋다.

02

아지네 프라이팬
あじねフライパン

일본의 주문 생산 방식의 핸드메이드 철팬으로 가나가와현 아츠기시의 인터넷 주방용품 판매 사이트에서 시작됐다. 주부들이 오래 쓸 수 있는 팬을 원해 생산하게 되었다고 한다.
일본 내 송금 방식으로만 결제가 가능해서 결제대행이나 구매대행으로 구입할 수 있다. 표면의 두드린 자국이 특징이며 철팬의 단점인 타고 눌어붙는 것이 덜해서 사용이 편하다.

03
키와메
Kiwame

일본 리버 라이트(RIVER LIGHT)사의 철팬 브랜드로 1976년 오믈렛 팬의 제조 판매로 시작했다. 그 후 첫 번째에서 두 번째 사장으로 대표가 바뀌면서 크게 성장했다.
얇은 철팬에 특수 코팅이 되어 있으며 녹 걱정 없이 사용할 수 있는 것이 장점이다. 코팅이 강하고 잘 벗겨지지 않으나 산에는 취약해서 김치나 토마토 소스는 조리하지 않는 것이 좋다. 국내 공식 판매처가 있어서 온라인 구매가 가능하다.

04
터크
Turk

1857년 독일의 알버트 칼 터크(ALBERT KARL TURK)에 의해 설립된 회사로 원피스 단조철팬(ONE-PEACE FORGED IRON PAN)으로 유명하다. 원피스 철팬은 하나의 철 덩어리를 두들겨 팬과 손잡이까지 이음새 없이 만드는 방법으로 팬 표면의 두들긴 자국이 특징이다. 투박하고 거칠어 보이지만 녹이 덜 나며 열전도율이 뛰어나다.

철팬 관리 및 사용

01
철팬의 전처리

철팬은 녹방지 코팅이 되어 있는 경우 코팅을 벗겨내야 한다. 벗긴 뒤에는 불에 올려 기름칠을 하고 얼룩이 지지 않도록 계속 문질러 가며 철팬에 기름을 흡수시키는 것이 중요하다. 그 뒤에 자투리 야채를 볶아주고 밀가루로 세척해서 사용한다. 평상시에도 세제를 사용하면 길들인 것이 벗겨지기 때문에 밀가루로 세척한다.

연기가 날 때까지 센 불에 가열한다.

고운 사포 혹은 3SSS 수세미를 사용해 은색의 바닥이 나오도록 코팅을 벗겨낸다.

감자껍질과 물을 넣고 끓여 남은 방청제의 코팅을 제거한다.

불에 올려 기름칠을 한다.

추천 철팬 요리

스테이크

철팬은 고온에서 단숨에 익히는 요리에 알맞은 재질이다.
염분이나 산성이 없는 채소류를 볶는 것에도 적당하며
특히 고기의 육즙이 빠져 나오지 않게
겉을 익혀주는 요리에 사용하는 것이 좋다.

재료

스테이크용 고기 2장
아스파라거스 6개
양송이 버섯 4~6개
양파 ½개
(또는 미니 양파나 샬롯 약간)
세이지, 타임 등 생허브 약간씩
올리브오일 약간
소금 약간
후추 약간

만드는 법

1 스테이크용 고기는 허브, 올리브오일, 소금, 후추를 뿌려 잠시 재어 둔다.
2 아스파라거스는 밑동을 자르고 껍질을 벗긴다.
3 철팬을 달궈 ①의 고기를 넣고 센 불에서 겉면이 바삭해질 때까지 굽는다.
4 뒤집어서 반대면도 구운 뒤 불을 줄여 속까지 익힌다.
5 아스파라거스, 양파, 버섯을 구운 뒤 접시에 함께 담아낸다.

coating frying pan

코팅 프라이팬

코팅 프라이팬은 여러 이름으로 불리지만 대부분 불소수지 코팅의 한 종류인 경우가 많다.
세척할 때는 부드러운 수세미로 닦아주고 스테인리스 대신 실리콘 도구를 사용해 조리하는 것이 좋다. 특히 코팅 프라이팬은 예열을 하지 않고 사용하는 경우가 많은데, 예열을 하지 않으면 식재료가 기름을 과하게 흡수해서 재료의 맛이 떨어진다. 또한 빈 프라이팬을 가열하면 코팅이 상하게 되므로 센 불에서 장시간 가열하지 않도록 한다.
코팅 프라이팬은 대부분 가스와 하이라이트에 사용이 가능하지만 인덕션 사용은 불가능한 제품도 있으므로 구매할 때는 인덕션 마크를 확인해야 한다.

01
코팅의 종류

[불소수지 코팅]

PFOA(과불화옥탄산)-FREE 제품을 구매하는 것이 안전하다.

- **테프론(Teflon) 코팅** : PTFE 불소수지 코팅의 한 종류로 듀퐁사가 개발했다. 음식이 팬에 잘 달라붙지 않으나 내구성이 약하고 높은 열에 변성 가능성이 있다. 빈 그릴이나 팬을 가열하지 않고 코팅이 벗겨지지 않도록 부드러운 수세미로 주의해서 세척해야 한다.
- **다이아몬드 코팅** : 인공 불소수지 코팅의 한 종류이며 인공 다이아몬드 물질로 표면을 코팅한 것이다. 코팅이 단단한 편이라 긁힘이나 부식에 강하다.
- **티타늄 코팅** : 티타늄은 임플란트에도 사용하는 재질로 인체에 해가 없고 부식에 강한 소재이지만 보통 티타늄만으로는 코팅을 하지 않는다. 주로 세라믹이나 불소수지에 티타늄을 첨가하며 일반 코팅에 비해 내구성이 높다.

[세라믹 코팅]

에나멜 코팅의 한 종류로 환경호르몬을 방출하지 않으며 열전도율이 좋아 단시간 조리가 가능하다.

02
코팅 프라이팬의 특징 비교

세라믹은 테프론 코팅에 비해 안정성은 높지만 음식이 달라붙고 코팅이 깨지기 쉬운 단점이 있다. 반면 테프론 코팅은 강도가 약하고 코팅이 상하면 인체에 해로운 물질이 배출된다.
이런 코팅별 특징도 중요하지만 코팅 두께나 제품 질에 따라 강도가 많이 달라지기 때문에 꼭 어느 코팅의 제품이 좋고 나쁘다고 말할 수 없다. 당연한 얘기지만 저가의 제품들은 코팅 수명이 짧고 질이 떨어져 교체 시기가 빠르므로 일정 가격 이상의 제품을 구매하는 것이 실용적이다.

03
우유로 코팅 되살리기

01 코팅이 상한 프라이팬은 논스틱의 장점을 잃고 달걀프라이 등의 식재료가 달라붙게 된다.

02 프라이팬에 우유를 부어 충분히 끓인 뒤 버리고 식으면 부드러운 수세미로 세척한다.

논스틱 효과가 복구되면 식재료가 붙지 않지만,
장기간 사용에는 무리가 있는 방법이므로 코팅이 과하게
벗겨졌을 경우에는 새로 구입하는 것이 좋다.

04
리코팅의 장단점

코팅 프라이팬의 경우 조리 도구와 세척으로 코팅이 상하게 된다. 코팅이 많이 상하면 흠집 사이로 유해물질이 녹아 나오기 때문에 사용하지 않는 것이 좋다.

이럴 때 재코팅하는 방법이 있다. 적은 비용으로 재코팅을 해 고가의 제품을 되살려 쓸 수 있는 장점이 있으나 업체마다 코팅 기술과 방법이 다르고 기술력의 차이가 있어서 업체 선정에 신중을 기해야 한다. 또한 기존 제품의 코팅법과는 다른 코팅이 되어 올 수 있으니 확인이 필요하다.

◦ 스크래치가 난 프라이팬 ◦

◦ 리코팅한 프라이팬 ◦

추천 코팅 프라이팬 요리

반세오(Bánhxèo)

코팅 프라이팬은 논스틱(NON-STICK)이 되는 장점을 이용하는 요리에 알맞다.
무쇠나 철팬은 예열을 하기 때문에 재료의 겉이 과하게 익거나 색이 진하게 나는 단점이 있다. 그래서 예열을 강하게 하지 않아도 되는 코팅 프라이팬은 주로 달걀 지단이나 밀전병, 팬케이크 등을 만들 때 사용하기 좋다.

재료 2장 분량

[반죽]
베트남 쌀가루 1컵(250㎖)
(BOT GAO)
중력분 1작은술
전분 1작은술
강황가루 ¼작은술
물 125㎖
코코넛밀크 63㎖
다진 파 2큰술
소금A ¼작은술

[고명]
양파 ¼개
돼지고기 60g
대하 90g(6마리)
숙주 약간
소금B 약간
후추 약간
식용유 약간

[소스]
뜨거운 물 3큰술
피시소스 1큰술
라임주스 1과 ½큰술
설탕 1과 ½큰술
당근채 약간
다진 마늘 ¼작은술
고추 약간

[기타]
상추 약간
고수 또는 민트 잎 약간

만드는 법

1 쌀가루와 중력분, 전분, 강황가루, 물, 코코넛밀크, 다진 파, 소금A는 잘 섞어서 1시간 이상 숙성한다.
2 소스 재료는 미리 섞어둔다.
3 양파는 길게, 돼지고기는 길쭉하고 얇게 썰고, 대하는 크게 다진다.
4 팬을 중간 불에 올려 예열한 뒤 식용유를 두르고 ③의 양파를 볶다가 돼지고기를 넣고 볶아준다.
5 대하를 넣고 잠시 볶은 뒤 소금B, 후추로 간을 한다.
6 ⑤의 고명을 팬의 한쪽으로 밀어둔 뒤 ①의 반죽을 붓고 고르게 펴준다.
7 아래가 익을 정도로 1~2분 굽는다. 필요하면 뚜껑을 살짝 덮는다.
8 숙주를 올리고 다시 1분 정도 구운 뒤 반을 접어 접시에 담는다.
9 나머지 1장도 같은 방법으로 굽는다.
10 상추에 허브, 반세오를 잘라 올린 뒤 싸서 소스에 찍어 먹는다.

pressure cooker

PRESSURE COOKER 01

압력솥

압력솥은 다른 조리 도구에 비해 빠른 시간 안에 음식을 푹 익혀준다. 또 내부를 밀폐시켜 식재료의 영양소 파괴, 맛과 향의 변화가 적다. 우리나라에서는 압력솥으로 주로 밥을 짓지만 해외에서는 고기찜이나 스튜 등에 많이 사용한다.

01

압력솥 분리 방법 및 세척하기

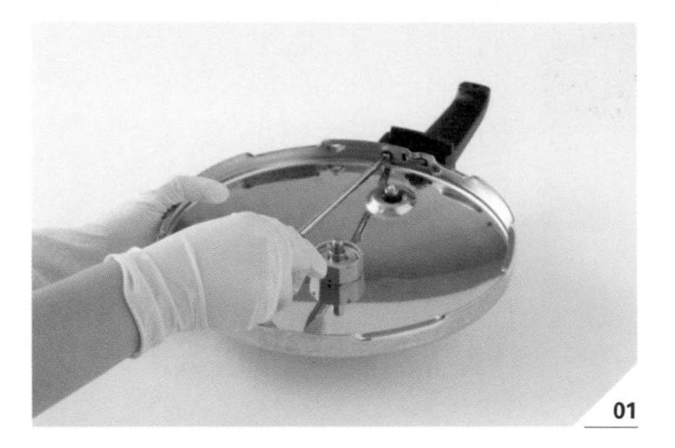

01

손잡이는 안쪽 나사를 돌려 분리한다.

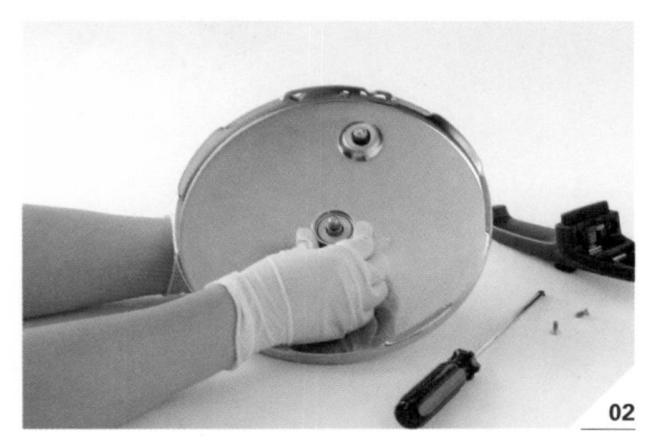

02

압력계기는 양쪽을 잡고 돌려서 분리한다.

◦ 부품을 분리한 전체 사진 ◦

02
압력솥 비교

압력솥은 압력 단계가 있는 제품과 없는 제품이 있다. 단계별로 조절되는 제품은 특정 압력 단계를 조절해 여러 가지 조리에 사용할 수 있고 압력조절이 안 되는 제품은 재료별로 시간을 조절하는 방법을 이용해 조리한다.

03
압력솥의 불 조절

압력솥에 압력이 가해질 때까지 센 불 혹은 중간 불로 가열하다가 압력계기가 올라오거나 추가 소리를 내면 약불로 줄여 조금 더 끓이거나 불을 끈다. 계속 가열하면 내부의 압력이 너무 커져서 폭발의 위험이 있다.
또한 압력솥의 바닥 면에 맞게 불꽃의 크기를 조절해서 사용해야 한다. 불이 바닥 면보다 크면 손잡이가 녹아 변형될 가능성이 크기 때문이다.

◦ 바닥 면에 맞는 크기의 불꽃 ◦

◦ 바닥 면보다 큰 크기의 불꽃 ◦

04
육류 요리 시 증기 배출구 관리

육류나 기름이 많은 요리를 할 때 증기 배출구에 기름이 고여 굳을 수 있다. 육류 조리 후에는 식기 전에 분리해 세척하는 것이 좋다. 특히 증기 배출구, 압력계기 사이와 실리콘 패킹 등을 꼼꼼히 세척해준다.

01

기름이 굳어 더러워진 압력솥과 부품

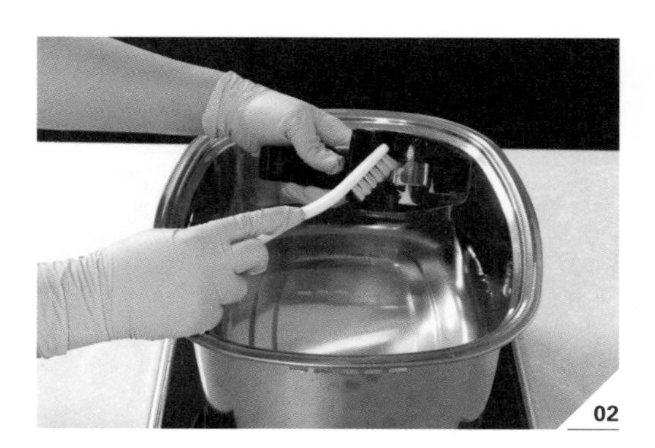
02

솔로 손잡이 세척하기

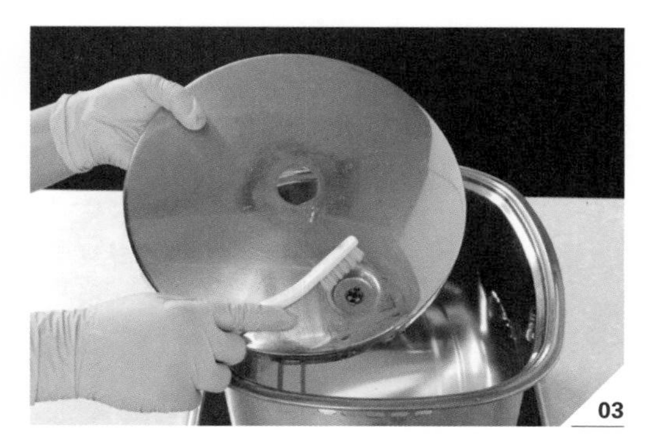
03

뚜껑의 연결 부위 세척하기

PRESSURE COOKER 02

브랜드별 특징

◦ PN풍년 ◦

◦ 휘슬러 ◦

◦ WMF ◦

◦ 실리트 ◦

◦ 쿠퍼 ◦

01
PN풍년

대표적인 국산 압력솥 브랜드로 좌우 모양이 같은 양수 손잡이와 둥근 몸체, 그리고 압이 올랐을 때 칙칙 소리가 나는 신호추가 특징이다. 통3중, 통5중 제품이 있으며 특히 2인용 압력밥솥의 밥맛이 뛰어나다.

02
휘슬러
Fissler

한쪽 손잡이가 길며 압력계기를 이용해 압력 단계를 3단으로 조절할 수 있고 막대 모양의 핀이 3단계까지 다 올라가면 '삐'소리를 낸다. 휘슬러 제품은 전부 바닥3중이며 솔라 시리즈 압력솥의 선호도가 높으며 유명하다.

주로 가정에서는 1.8ℓ가 사용하기 좋은 사이즈여서 인기가 좋다. 또한 뚜껑 하나에 본체 2개인 콤비 제품을 구매하면 요리용과 밥 짓는 용도 2가지로 나눠 사용할 수 있고 가격도 저렴하다.

03
WMF

휘슬러와 비슷하게 손잡이 한쪽이 길다. 압력계기가 3단계로 표시되며 손잡이와 일체형으로 되어 있다. 하노버 디자인상을 받은 퍼펙트 울트라 모델이 가장 고가이며 대중적으로는 압력추가 파란색인 퍼펙트 플러스가 많이 사용되고 있다.

가격대나 기능 모두 무난하고 쓰기 편리하며 일반 마트에서 특가에 풀리기도 한다.

04
실리트
Silit

WMF와 동일하게 손잡이 쪽에 압력추가 있다. 최근 압력조절기가 달린 제품이 출시되었으며 색상이 다양한 것이 특징이다.

압력솥 또한 실라간 코팅이 되어 있어서 밥알이 뭉개지지 않고 모양이 그대로 유지된다. 압력을 0에 놓고 사용하면 일반 냄비처럼 사용할 수도 있다.

예전에는 해외 구매를 많이 했으나 최근에는 국내 가격도 좋은 편이라 A/S를 위해서는 국내에서 구입하는 것을 추천한다.

05
쿠퍼
Kuper

독일 브랜드와 기술 제휴한 국내 브랜드로 한손으로 열고 닫을 수 있는 개폐장치가 특징이다. 통3중에 바닥5겹 제품과 통5중에 바닥7겹 제품 2종류가 있다. 막대 모양의 압력 표시 밸브가 있으며 100% 현미밥 조리에 뛰어나다. 또 잡곡을 따로 불리지 않고 조리할 수 있다.

방문판매 제품으로 타 브랜드 압력솥에 비해 가격이 비싼 편이나 사용하는 사람들의 만족도는 높은 편이다.

추천 압력솥 요리

매운 등갈비찜

밥을 하는 데 주로 압력솥을 사용하는 우리나라와는 달리
해외에서는 고기 요리를 단시간에 익히는 용도로 많이 사용한다.
특히 오랜 시간 동안 푹 끓여서 조리해야 하는
스튜나 백숙, 갈비찜 등에 유용하다.

재료

돼지등갈비 600g
당근 ½개
양파 ½개
청양고추 1개
청주 63㎖
월계수잎 2장
생강편 2쪽

[소스]
물 5큰술
간장 2와 ½큰술
설탕 2작은술
청주 2큰술
고춧가루 3큰술
다진 마늘 1큰술
생강즙 1작은술
고추기름 1작은술
대파 약간
홍고추 ½개

만드는 법

1 등갈비는 찬물에 1~2시간 담가 핏물을 뺀다.
2 당근, 양파, 청양고추는 큼직하게 썬다.
3 끓는 물에 청주, 월계수 잎, 생강편, ①의 등갈비를 넣고 한 번 데쳐낸다.
4 대파와 홍고추를 제외한 소스 재료를 섞어 ③의 등갈비에 붓고 잘 섞는다.
5 등갈비를 압력솥에 한 켜로 잘 깔고, 남은 소스에 버무린 ②의 당근과 양파, 청양고추를 등갈비 위에 올린다.
6 압력솥을 최고 압력으로 맞춘 뒤 가열한다.
7 계기가 올라가면 불을 약하게 줄이고 10분 정도 더 끓인다.
8 불에서 내려 추가 완전히 내려가면 뚜껑을 열고 대파와 홍고추 썬 것을 올려 중간 불에서 살짝 더 졸인다.

/ KITCHEN / POT&FRYING PAN /

냄비 관리법

01

스티커 제거하기

오일을 뿌리고 그 위에 베이킹소다를 조금 올려 물티슈나 키친타월로 문질러 준다. 깨끗하게 벗겨지지 않으면 한두 번 더 반복한 뒤 세제로 세척한다.

01 벗겨지지 않고 남은 스티커

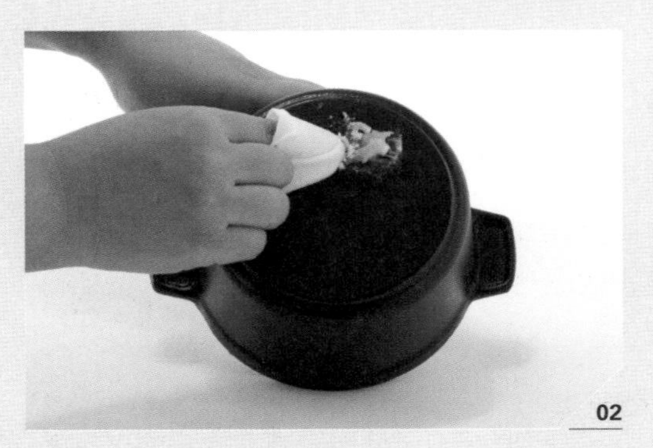

02 오일과 베이킹소다로 문지르기

03 스티커가 깨끗하게 벗겨진 냄비

02

탄 냄비 살리기

냄비가 까맣게 탔을 때는 억지로 벗기려 하지 말고 베이킹소다를 듬뿍 넣어 끓인다. 그대로 2~3일 방치한 뒤 수세미로 닦아 얼룩을 제거한다.

내부가 까맣게 탄 냄비

베이킹소다 넣고 끓이기

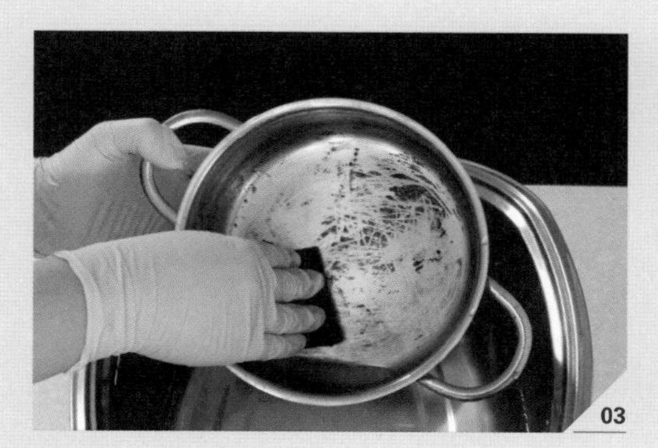

3SSS 수세미로 닦기

깨끗하게 닦인 냄비

03

화구 종류에 따른 사용 가능 제품

보통 가스레인지는 유해가스가 발생되고 인덕션이나 하이라이트는 안전한 것으로 생각하고 있으나, 화구의 종류에 상관없이 식품 자체의 조리만으로도 유해가스가 발생한다. 어떤 화구를 사용하든지 환기를 시키는 것이 중요하다. 특히 조리 후에도 15분 이상 환기해주어야 한다.
최근 가스레인지를 인덕션이나 하이라이트로 교체하는 경우가 많지만 화구는 본인의 요리 스타일과 사용하는 주방도구의 종류에 따라서 선택하는 것이 좋다.

[가스레인지(Gas stove)]

구리, 웍, 뚝배기 등 모든 재질의 도구 사용이 가능하다. 특히 구리와 웍에는 가스 화구를 쓰는 것이 열전도율이 빨라 좋으며 불 맛을 내는 요리에 알맞다.
그러나 조리 시 가스로 인해 유해가스를 흡입하게 되는 것과 냄비 바닥이 가스레인지 화구에 긁혀 스크래치가 잘 생기는 것이 단점이다. 또한 음식물이 끓어 넘쳤을 때 청소도 번거로운 편이다.

사진 출처 : 동양매직 홈페이지

[인덕션(Induction)]

사진 출처 : 디트리쉬 홈페이지

자기장을 발생시켜 냄비 자체의 온도가 올라가게 하는 방식으로 음식이 빨리 끓는 장점이 있는 반면 자성을 띤 용기만 사용이 가능한 단점이 있다. 최근 인덕션으로 많이 교체하는 추세이다. 주로 무쇠 제품이나 자성을 띤 스테인리스 냄비를 사용할 수 있으며 인덕션 전용 받침대를 사용하면 구리 팬도 사용이 가능하다. 그러나 받침대를 사용할 경우 열을 한 번 더 전달해 사용하는 것이라서 조리시간이 오래 걸릴 수 있다. 전자파가 발생하며 자성을 이용하기 때문에 장기간 사용 시 팬이 휘어지는 경우도 있다.

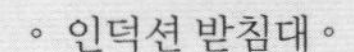

◦ 인덕션 받침대 ◦

[하이라이트(High-Light)]

전기레인지로 유리상판이 가열되면서 조리가 되는 방식이다. 인덕션에 비해 느리게 끓는 편이나 잔열이 오래 남아 미리 불을 끄고 남는 열로 조리가 가능하다. 불을 끈 뒤에도 상판이 뜨거우므로 주의가 필요하다. 인덕션보다 전자파 발생이 적고 구리도 사용할 수 있다.
인덕션과 하이라이트 둘 다 평평한 면에 접촉해 열을 전달받는 형식이기 때문에 바닥면이 좁거나 평평하지 않는 웍과 뚝배기에는 적합하지 않다. 음식물이 약간 흘렀을 때는 청소가 편리하지만 국물이 넘쳐 연결 틈새로 스며들면 청소가 번거롭다. 또한 상판 스크래치에 음식물이 계속 스며들어 깨지는 경우도 있으니 주의가 필요하다.

사진 출처 : 코웨이 홈페이지

[하이브리드(Hybrid)]

인덕션과 하이라이트를 동시에 장착한 전기레인지로 2가지의 장점을 고루 이용할 수 있는 시스템이다. 최근에는 가스레인지-인덕션, 가스레인지-하이라이트 스타일의 하이브리드도 생산되고 있다.

사진 출처 : 휘슬러 홈페이지

04

재질별 냄비의 식기세척기 사용

스타우브나 르쿠르제, 차세르 같은 코팅 무쇠들은 에나멜 코팅이 상할 수 있으므로 식기세척기 사용에 주의가 필요하다. 특히 스타우브의 마졸리카 코팅은 식기세척기에 넣으면 하얗게 변하기 때문에 사용하지 않는 것이 좋다. 또 구리 제품들도 식기세척기의 강한 수압에 광택이 없어지고 표면이 마모된다. 뚝배기나 옹기로 된 식기들도 식기세척기의 물이 과하게 흡수되고 세제가 스며들어 좋지 않다.

◦ 식기세척기 사용으로 하얗게 변한 스타우브 냄비 ◦

knife
&
cutting board

CHAPTER 03

칼, 도마

칼과 도마는 식재료를 다듬고 자르는 데 반드시 필요한 도구이다. 칼은 브랜드마다 강도와 재질이 달라 재료에 맞게 사용하고 관리해주는 것이 중요하다. 도마 역시 특성과 강도가 다르기 때문에 관리가 편하고 손목에 무리가 가지 않는 제품을 선택해야 한다.

KNIFE

칼

01
재질에 따른 관리법

[무쇠 칼]

• 장기간 보관법

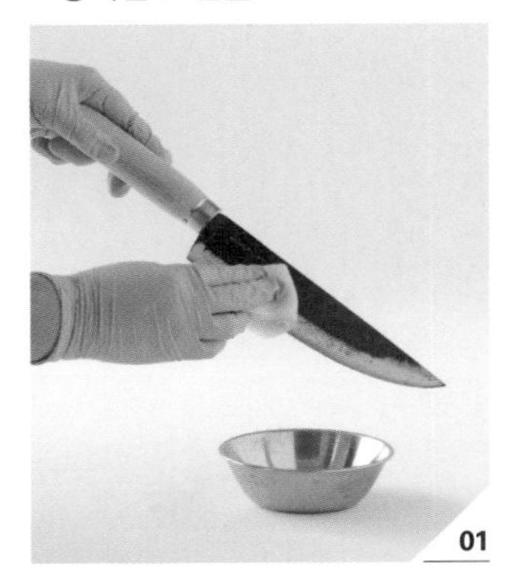

장기간 보관할 때는 칼날에 들기름을 칠한다.

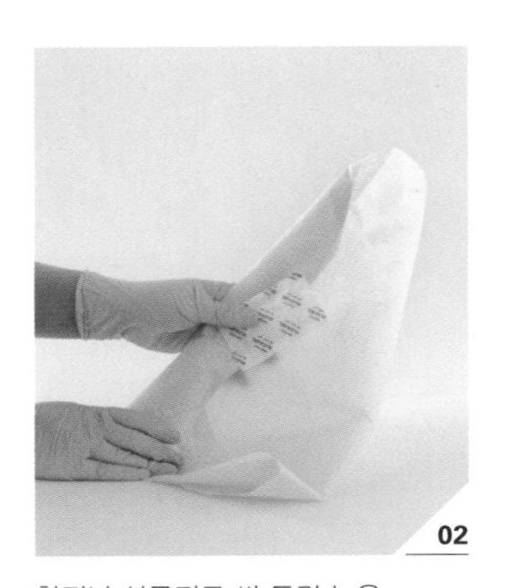

한지나 신문지로 싸 두면 녹을 방지할 수 있다. 방습제를 함께 넣으면 습기를 막는 데 도움이 된다.

한지가 풀리지 않게 고정해서 건조한 곳에 보관한다.

• 사용 시 주의점

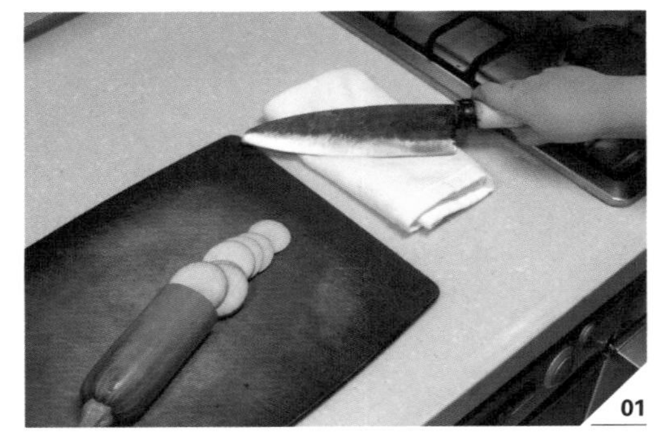

무쇠 칼로 재료를 썰 때는 물기를 닦아가며 사용하는 것이 녹을 방지하는 방법이다.

세척한 뒤에는 불에 물기를 말려서 보관한다.

[세라믹 칼]

식기세척기를 사용해서는 안 되며 설거지 물에 오래 담가두면 착색이 되므로 사용한 뒤에는 즉시 세척하는 것이 좋다. 얼룩이 잘 생기므로 김치처럼 착색이 되는 음식에는 사용하지 말고 얼룩이 생겼을 때는 즉시 베이킹소다로 얼룩을 제거한다. 충격에 약해 단단한 재료를 자르거나 칼로 도마를 긁으면서 재료를 옮기지 말아야 한다.

[스테인리스 가위]

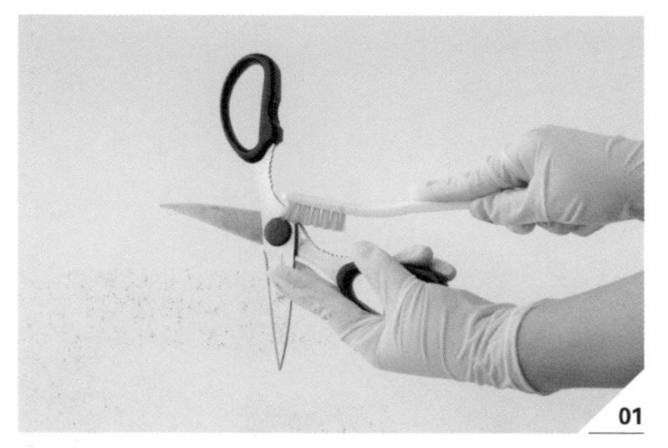

01

분리되지 않는 가위는 틈새 찌꺼기를 솔로 닦아주는 것이 좋다.

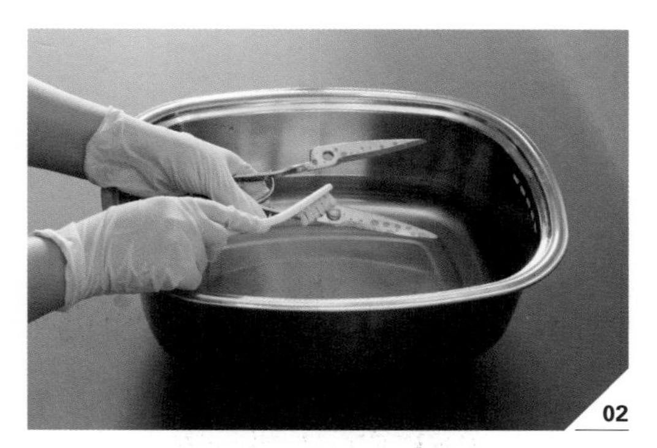

02

분리되는 가위는 날을 분리해서 일반적인 방법으로 세척하고 연결 부위는 솔로 세척한다.

02

칼의 강도에 따른 사용 재료

세라믹 [교세라]	스테인리스 스틸 [글로벌, 슌, 로버트허더]	스테인리스 스틸 [헨켈, 우스토프]
단단하지 않은 채소, 살코기, 단단하지 않은 과일	과일, 채소, 살코기, 뼈 없는 생선	생선, 채소, 과일, 단단한 재료 등 모두 가능

03
숫돌 사용법

숫돌이나 사포 같은 연마 제품들은 번호가 있으며 그 번호가 높을수록 입자가 곱다. 즉 80번, 100번보다 2000번, 6000번 숫돌의 표면이 더 곱고 부드럽다.
숫돌은 초벌, 중벌, 마감 숫돌이 있는데, 초벌은 120~500번의 제품을 말하며 80%의 날을 세우는 데 쓴다. 초벌 숫돌은 칼이 빨리 갈리지만 거칠고 요철이 많이 생긴다. 중벌 숫돌은 초벌로 생긴 거친 면과 요철을 다듬고 칼날을 세우는 데 사용하며 500~2000번 정도의 숫돌을 말한다. 마감 숫돌은 2000~6000번 정도의 숫돌로 칼끝을 매끄럽게 세우며 광을 내는 데 쓴다.
가정에서는 보통 초벌과 중벌 정도의 숫돌을 사용하면 된다. 양면으로 되어 있는 숫돌의 숫자를 초벌과 중벌에 맞춰 사는 것도 좋다.

01

숫돌을 물에 10~15분 정도 담가 둔다.
그 이상 오래 두면 숫돌의 마모가 심해진다.

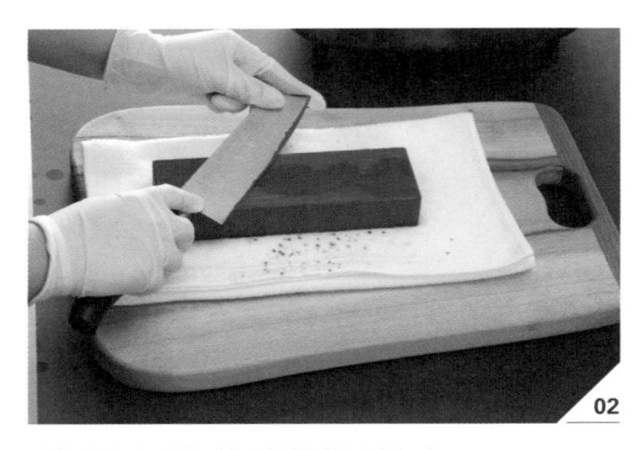
02

칼을 숫돌에 갈면 검은 부산물이 나오는데
이것이 칼을 연마하는 성분이다.
그러므로 물에 씻겨 나가지 않게 주의해야 한다.

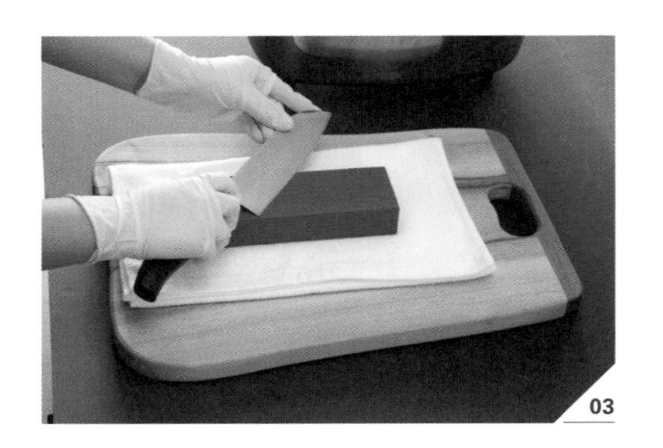
03

칼을 갈 때는 칼날 전체를 한 번에 쭉 갈아주는 것이
중요하다. 칼마다 각도가 다르므로 원하는 칼의 각도에
맞춘 뒤 숫돌 위를 사선으로 지나가도록 간다.
동양식 식칼(산도쿠 칼)의 오른쪽은 20~25°, 왼쪽은 5~10°의
각도이며, 회칼의 한쪽은 30°, 다른 한쪽은 평면이다.
가정에서 쓰는 칼은 보통 20° 정도에 맞춰서 갈면 된다.

[숫돌 면잡이]

숫돌을 계속 사용하면 중앙부가 깊이 파인다. 이 상태로 칼을 갈면 낫 모양이 되므로 숫돌 면잡이(멘나오시, 面直し)를 사용해 숫돌의 면을 항상 평평하게 관리해줄 필요가 있다. 숫돌은 사용 전후로 평평한 곳에 뒤집어 얹어보면서 상태를 확인한다.

[숫돌 말리기]

사용한 숫돌은 말린 뒤 바로 밀폐 보관하면 곰팡이가 생기므로 일주일 정도 더 바람이 통하는 그늘에서 속까지 충분히 말려주는 것이 좋다.

[숫돌 가이드]

숫돌 사용이 처음인 초보자들은 숫돌 가이드를 사용해 칼을 갈면 각도를 맞추기 쉽다.

04

봉칼갈이(샤프닝 스틸, Sharpening steel) 사용법

보통 무뎌진 날을 세울 때 가정에서 사용한다.

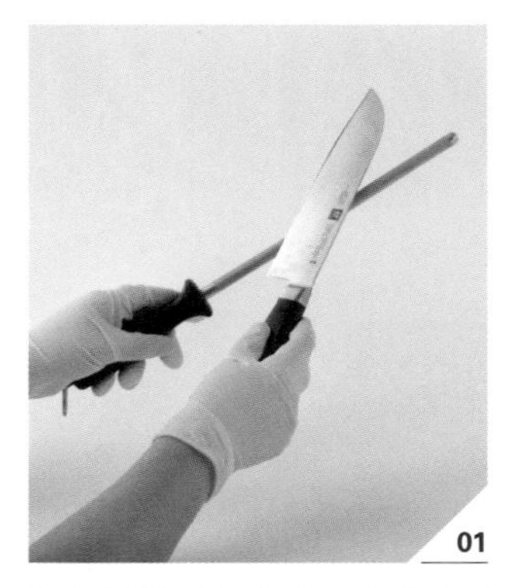

01

봉칼갈이와 칼의 각도는 20° 정도이며 양쪽을 균일한 방향과 균일한 횟수로 갈아준다.

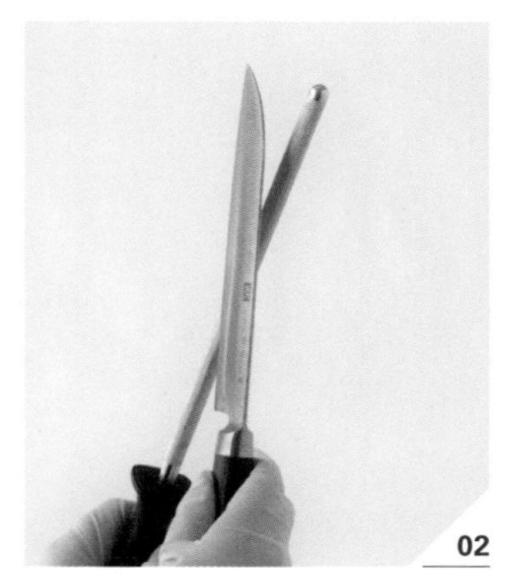

02

칼의 종류에 따라 알맞은 각도에 맞춰 갈아준다.

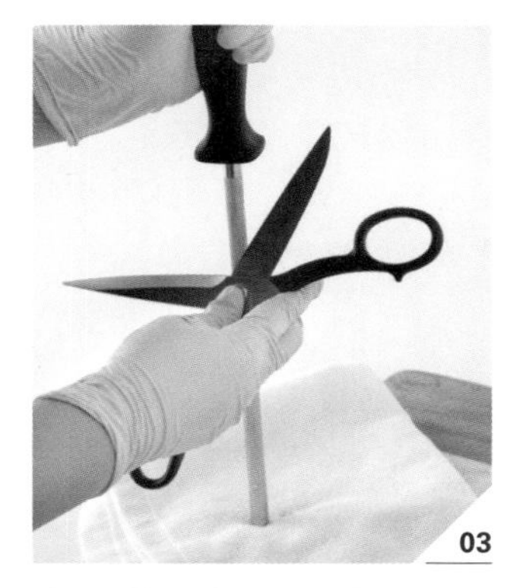

03

가위 또한 날의 각도에 맞춰 갈아주면 날이 무뎌지지 않게 계속 사용할 수 있다.

재질별&브랜드별 특징

01
세라믹 칼

[교세라(Kyocera)]

일본의 대표적인 세라믹 칼 브랜드로 가볍고 절삭력이 좋으나 강도가 약하다. 그래서 딱딱한 식재료에는 맞지 않으며 단단하지 않은 야채나 과일 등을 썰 때 변색이 적어서 좋다. 교세라 코리아에서는 정식수입제품에 한해 약간의 파손 수리를 해준다.

02
스테인리스 칼

[글로벌(Global)]

몸체와 손잡이의 일체형 디자인으로 절삭력이 우수한 대신 날이 얇아 강도가 약한 편이다. 단단한 재료와 냉동 재료에는 적합하지 않다.
글로벌 코리아와 백화점, 온라인 병행수입 등으로 구입할 수 있고 가격도 해외구매와 크게 차이 나지 않는다.

[슌(Shun)]

철을 두드리고 담금질하는 다마스크강(DAMASCUS STEEL) 방식으로 제조한다. 제조 방식으로 생기는 다마스커스 무늬가 특징이다. 글로벌에 비해 강도는 강한 편이나 역시 냉동 재료에는 사용하지 않는 것이 좋다. 일본 브랜드이지만 커트러리앤모어, 윌리엄스 소노마 사이트에서 세일할 때 구매하는 것이 좋다.

사진 출처 : 슌 홈페이지

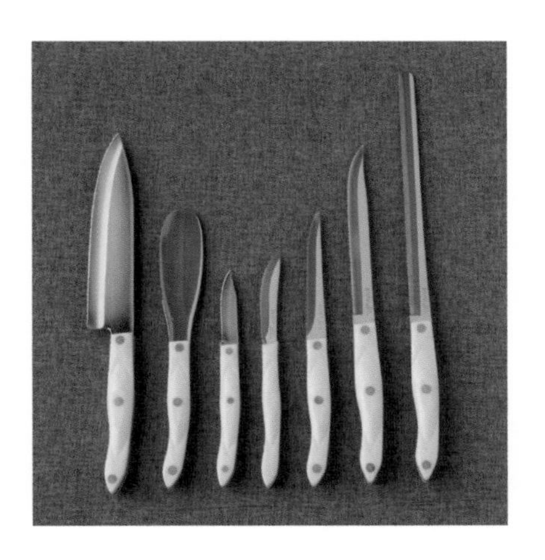

[컷코(Cutco)]

미국의 방문판매 브랜드로 가볍고 손잡이의 그립감이 좋다. 방문판매 혹은 미국 코스트코 행사 시에 구매가 가능하다. 빵칼, 더블디 트리머, 스패츌라 스프레더 등이 인기가 좋다. 방문판매 제품인 만큼 가격도 고가인 편이다. 손잡이가 아이보리와 검정이 있으나 아이보리의 선호도가 높다.

[헨켈(J. A. Henckels)]

1731년 피터 헨켈(JOHANN PETER HENCKELS)이 창립한 독일 회사로, 쌍둥이 로고가 제품에 새겨져 있는 것이 독일 생산이며 로고가 없거나 외둥이 로고가 있는 것이 제3국 생산 제품이다. 절삭력과 강도 전부 우수해서 단단한 식재료를 썰어도 이가 잘 나가지 않는다.
백화점에서 구매하면 무료로 다시 갈아주는 서비스를 제공하고 있다. 연말 패밀리 세일을 이용하면 저렴하게 구입할 수 있다.

[우스토프(Wüsthof)]

1814년부터 7대째 내려오는 독일 졸링겐 지방의 주방용품 브랜드로 대형 회사인 헨켈보다 규모는 작으나 독일제 칼 브랜드로 유명하다. 손잡이가 하얀 화이트 아이콘(IKON) 식도의 인기가 좋다. 강도나 절삭력 등이 헨켈과 비슷하다. 우스토프 역시 백화점에서 구매가 가능하지만 가격대가 높아 해외직구를 하는 사람들이 더 많은 편이다.

[로버트 허더(ROBERT HERDER)]

1872년 독일 졸링겐에서 로버트 허더가 나이프 탬퍼링 공장으로 시작한 브랜드로 4대를 이어 현재에 이르고 있다. 칼 측면의 중간 부분부터 끝까지 모두 날을 세우는 드라이파인 그라인딩(DRYFINE-GRINDING) 공법과 67가지가 넘는 공정의 핸드메이드 방식으로 제작하고 있으며 리벳 방식의 원목 손잡이가 특징이다. 원목 손잡이의 관리가 번거롭지만 칼 자체의 절삭력은 아주 뛰어나다. 특히 K시리즈는 스테인리스에 0.6%의 카본을 넣어 절삭력을 더욱 향상시켰다.

03
무쇠 칼

무쇠 칼은 공통적으로 수분에 약하며 녹이 쉽게 생긴다. 특히 연결부위의 녹은 나무를 삭혀서 손잡이가 분리되는 일이 생기기도 한다. 칼을 닦아가며 사용하는 것이 좋고, 숫돌로 날을 관리한다. 들기름을 약간 발라 보관하면 녹이 슬지 않는다.

무쇠 칼은 특히 생정질(식은 칼을 두드리는 것)을 많이 한 것이 좋다. 대부분의 무쇠 칼은 나무 손잡이가 물에 약하고 거칠어 내구성이 떨어지는 것이 단점이다. 그러나 가격이 굉장히 저렴하고 강도가 좋으며 절삭력도 뛰어나 칼 자체의 질은 유명 브랜드와 비교해도 뒤떨어지지 않는다.

남향일도
南香逸刀
남원 전통 식도(食刀)

[남원칼]

남향일도라는 남원 공동 브랜드가 있으나 업체마다 품질이 다르므로 구매하고자 하는 업체를 확인하는 것이 좋다. 온라인 구매 시 레일칼이라 되어 있는 것이 철도 레일로 만든 무쇠 칼이며 그 외에 스테인리스 칼도 있으니 구별해서 구매해야 한다.

[논산연산대장간]

3대째 이어오는 100년 전통의 대장간으로 현재 류성일, 류성필, 류성배 삼형제가 가업을 잇고 있다. 두 형은 경남 산청의 동의보감촌에서, 막내인 류성배씨는 어머님과 함께 논산에서 대장간을 운영 중이다.
홈페이지가 있으나 전화로만 구매가 가능하며 다마스커스칼(김병만칼)이 유명하다. 주방용 무쇠 칼에는 세 형제의 성(姓)이 두 번 새겨진 것이 특징이다. 칼날이 얇으며 절삭력이 좋고 두들긴 자국이 멋스럽다.

◦ 논산연산대장간에서 가장 유명한 다마스커스칼 ◦

◦ 두들긴 자국이 멋스러운 논산연산대장간의 주방용 무쇠칼 ◦

[횡성늘봄대장간]

강원도 횡성의 대장간으로 전화 구매가 가능하며 강도가 좋고 논산대장간에 비해 칼등이 두껍다. 전체적으로 칼을 신경 써서 갈았고 칼끝을 둥글게 마무리 한 것이 특징이다. 칼을 연결하는 나무 손잡이 부분을 쇠로 둘러 고정했다.

04
가위

[WMF]

구르메 올스테인리스 가위가 유명하지만 국내 판매 사이트가 없어서 직구를 통해 사야 하는 단점이 있다. 그 외에 국내 판매 제품들은 손잡이 색상이 다양하며 기본 모양은 헨켈과 유사하다. 가격이 저렴하며 절삭력도 우수한 편이다.

[가쿠리(Toribe Kakuri)]

1962년 일본 니가타 지방의 산조시에 주조 공장을 설립해 지금까지 가위를 생산하고 있는 브랜드이다. 초기에는 주물 가위가 주를 이루었으나 스테인리스 소재가 일반화된 후에는 스테인리스 가위를 제작하고 있다. 100% 스테인리스 분리형 가위로 단단한 생선뼈가 잘릴 정도로 절삭력이 아주 뛰어나다. 분리형 가위는 보통 사용할 때 날이 분리되기 쉬운데, 이 제품은 스스로 분리되지 않아 안전한 편이다. 온라인 쇼핑몰에서 구매가 가능하다.

[카이(Kai)]

100년 전통의 금속기공 전문 일본 회사로 1908년 설립되어 주방용품부터 미용용품까지 다양하게 생산하고 있다. 카이 가위는 종류가 다양하며 분리가 가능해 세척하기 편하다. 절삭력이 좋아 닭고기 등의 육류 절단도 가능하다.

[헨켈(J. A. Henckels)]

쌍둥이, 외둥이로 가위가 나뉜다. 손잡이와 날의 연결부위에 톱날 모양의 오프너가 있어서 병뚜껑을 열 때 유용하게 사용할 수 있다. 분리가 불가능해서 연결 부위 세척에 신경을 써야 하나 무난하게 오래 쓸 수 있는 제품이다.

[우스토프(Wüsthof)]

주방용부터 일상생활용 가위까지 다양한 제품을 생산하고 있다. 톱날 모양의 오프너가 있으며 녹이 잘 슬지 않고 절단 각도가 균일해 쓰기 편하다.

WOODEN CUTTING BOARD

원목 도마

원목은 칼날을 무디게 하지 않으면서 칼과 도마가 맞닿을 때 충격을 흡수해 도마로 사용하기 좋은 재질이다. 아카시아, 티크, 단풍나무, 소나무, 감나무, 호두나무, 삼나무, 자작나무 등이 도마에 적합한 원목이나 편백나무와 은행나무는 나무가 무른 편이라 도마로 쓰면 칼자국이 쉽게 난다.

01
원목 도마 세척하기

원목 도마를 처음 세척할 때는 물로 씻어 말린 뒤 올리브오일이나 들기름을 바르고 그늘에서 하루 정도 두었다가 다시 물로 세척, 건조한다.

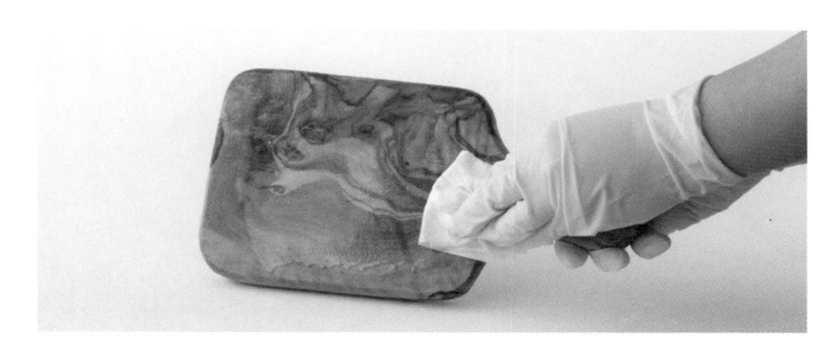

[세제보다 베이킹소다와 밀가루, 소금]

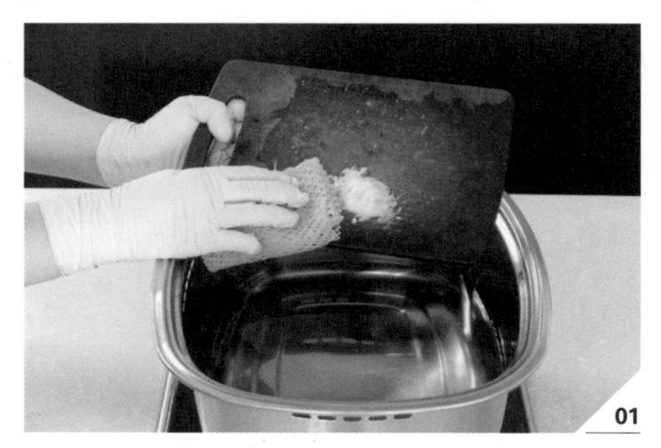

01

원목 도마는 세제를 흡수하기 때문에 되도록 밀가루나 베이킹소다, 혹은 밀가루와 설탕을 섞은 천연세제로 세척하는 것이 좋다. 밀가루로 세척하면 도마 흠집 사이의 음식찌꺼기 제거가 쉽다.

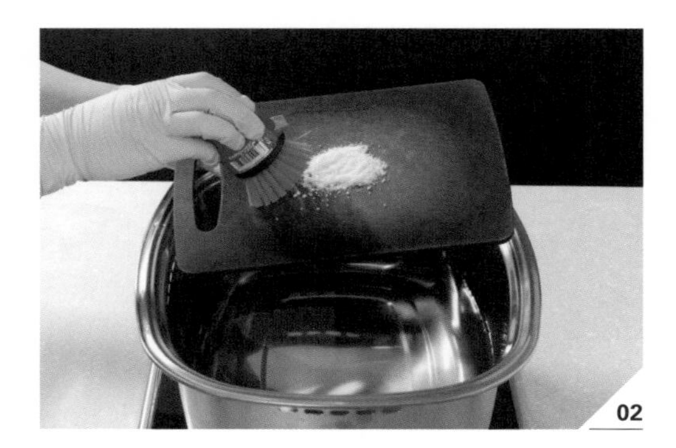

02

특히 가는 소금을 도마 위에 골고루 뿌리고 문지르면 세균 제거에 좋고, 수압이 센 많은 양의 물로 세척해야 박테리아가 떨어져 나간다.

02
원목 종류에 따른 강도와 특징

적당한 강도와 탄력이 있는 도마는 손목에 무리가 가지 않고 칼과 도마가 상하지 않게 재료를 썰 수 있다.
박달나무는 너무 단단해 도마로 사용하면 칼이 튕겨져 나가는 느낌이 난다. 손목에도 무리가 가서 도마 재질로 그다지 좋지 않다. 너무 무른 편백나무도 쉽게 칼자국이 나고 깊이 파여서 도마가 상하기 때문에 보통 소나무, 자작나무 도마가 무난하다.

03
원목 도마의 적, 습기와 곰팡이

음식찌꺼기가 도마에 남으면 곰팡이의 원인이 된다. 측면과 앞면을 솔과 베이킹소다를 이용해 골고루 세척하고 냄새는 식초 혹은 레몬을 발라 없앤다. 혹시 곰팡이가 생겼다면 사포를 이용해 문지른다.

브랜드별 특징
- 통원목 도마 -

01
지영흥 안동도마

100년 이상의 괴목을 5년 이상 건조해 만든 수제 도마로 최근 개설한 홈페이지를 통한 온라인 구매와 방문 구매가 가능하다.

02

필리가 Pilliga, 캄포

호주 필리가 국립 공원의 이름을 딴 캄포도마 브랜드로 호주 현지공장에서 생산하며 고온건조기법으로 제작한다.

03

블루레뇨 Blu Legno

블루레뇨는 이탈리아어로 푸른 나무라는 뜻이다. 통원목과 천연오일을 사용해 도마를 제작하며 메이플과 월넛 도마의 인기가 가장 좋다.

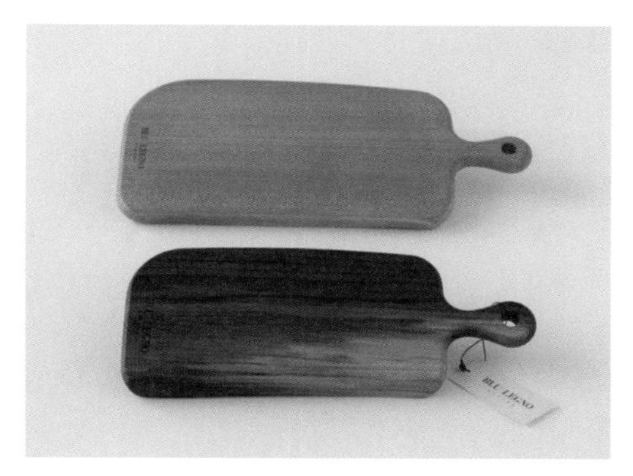

04

아르떼레뇨 Arte Legno, 올리브

1977년부터 2대째 이어온 이탈리아 나무공방 브랜드로 100% 수제로 도마를 만든다.

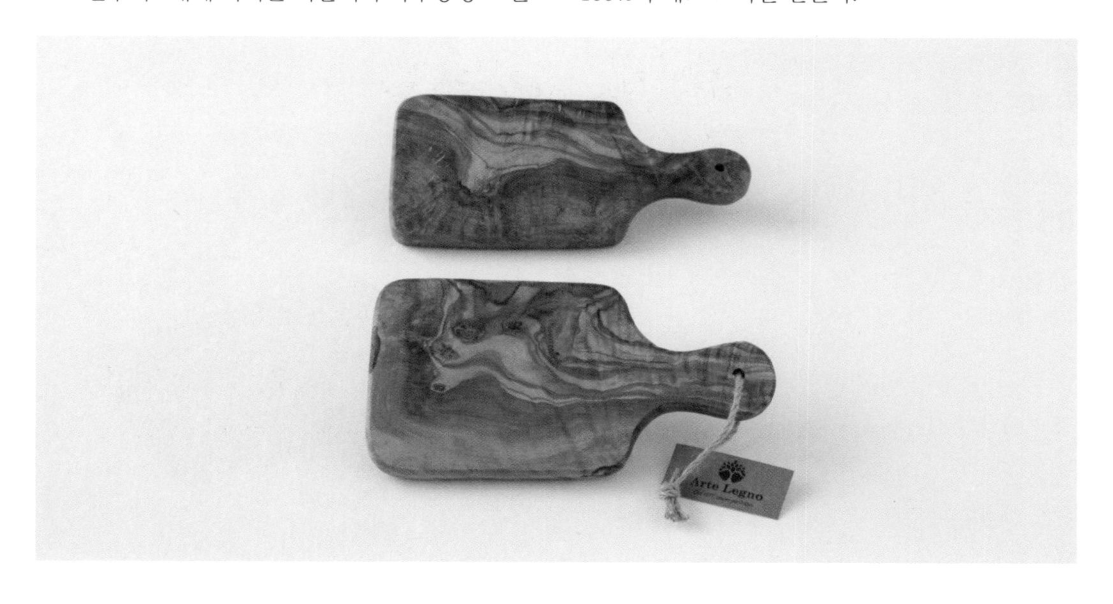

브랜드별 특징
- 접합 도마 -

01
에피큐리언
Epicurean

미국 브랜드이며 항균 우드 페이퍼 37장 또는 48장을 고압 압축해 만든 도마로 얇고 가벼운 것이 특징이다. 박테리아가 생기지 않고 잡내를 흡수한다.

02
마리슈타이거
Mari Steiger, 대나무

독일 주방용품 브랜드로 대나무 도마이지만 드물게 상판을 이어 붙이지 않고 자이언트 뱀부 통판으로 만든 제품이다. 통판 2장 사이에 대나무를 층층이 붙여 얇은 대나무 도마의 두께와 강도를 보강했다.

03
스캔우드
Scanwood, 아카시아

올리브 조리 도구로 유명한 덴마크 브랜드이다. 도마는 아카시아 나무로 독특한 무늬를 만들어 접합해 만들었다.

사진 출처 : 스캔우드 홈페이지

PLASTIC CUTTING BOARD

플라스틱 도마

01
PP와 PE의 장단점

식품용으로 사용되는 플라스틱 중 가장 대표적인 것이 폴리프로필렌(POLYPROPYLENE, PP)과 폴리에틸렌(POLYETHYLENE, PE)이다. PP와 PE는 화학적으로 안정되어 있어 사람의 소화기 안에서 흡수되지 않고 빠져 나온다. 혹시 섭취하게 되더라도 안전한 재료이고 특히 PP는 열에 강해 전자레인지 용기로도 사용된다. 그러나 장기간 식기세척기를 사용해 세척하면 열에 노출되어 변형이 올 수 있다.

02
플라스틱 도마와 박테리아

PP와 PE 도마는 흠집이 생겼을 경우 흠집 사이에 박테리아가 번식한다. 나무 도마는 사용기간에 따라 박테리아 증식의 차이가 없으나 PP와 PE 도마는 오래 사용할수록 박테리아 번식 양이 늘어난다. 게다가 장점인 내열성 때문에 열소독으로도 흠집 사이의 숨은 박테리아가 쉽게 죽지 않는다. 그래서 흠집이 많고 오래된 플라스틱 도마는 사용하지 않는 것이 좋다.

[호주 써든 크로스(Southern Cross) 대학 연구 결과]

도마 타입	곰팡이	박테리아	합계
캄포	3.3	0.7	4.0
삼나무	8.0	1.7	9.7
플라스틱	9.7	7.3	17.0
유리	5.7	8.0	13.70

브랜드별 특징

01
조셉조셉
Joseph Joseph

쌍둥이 형제가 2003년 영국에 설립한 디자인 전문 주방용품 회사로 재료별로 색을 나눠 사용할 수 있게 구분한 도마가 유명하다. 보관케이스가 있어 수납이 편리하고 가볍다.

02
옥소
Oxo

1990년 미국의 샘 파버(SAM FARBER)가 아내를 위한 필러(PEELER)를 개발하면서 설립되었다. 도마의 미끄럼 방지 테두리가 특징이다.

03
실리트
Silit

모서리 부분과 손잡이 부분에 완충작용을 해주는 실리콘 처리가 되어 있다.

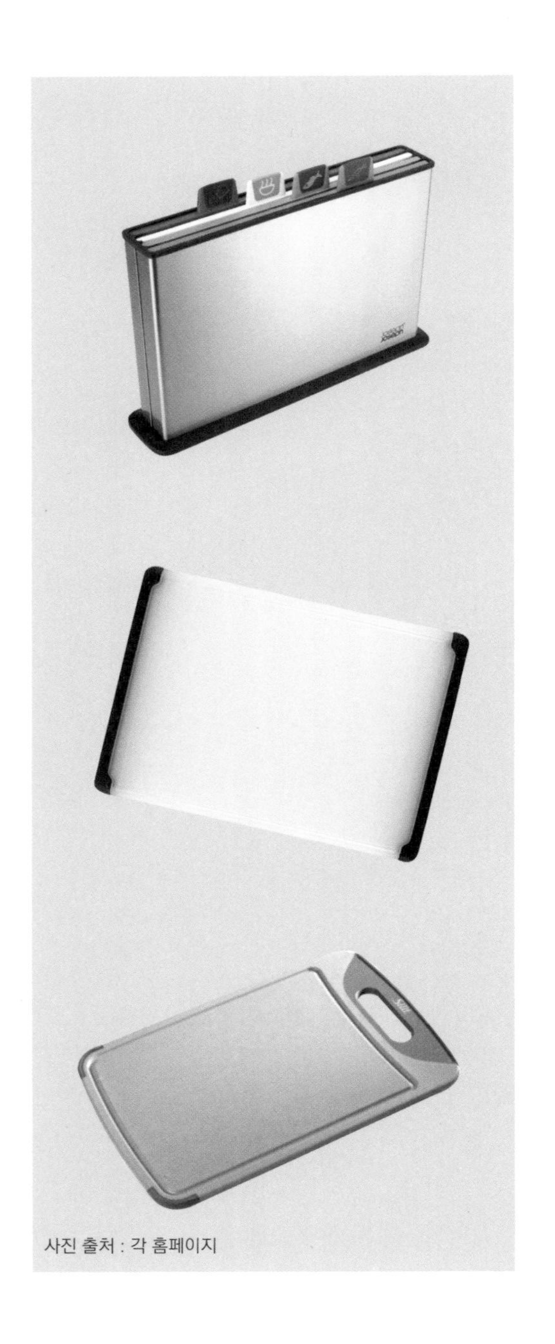

사진 출처 : 각 홈페이지

tableware

CHAPTER 04

식기

식기는 오래전부터 기능성과 함께 미적인 부분을 추구해 왔다. 그래서 브랜드도 많고 디자인도 다양하며 유행 또한 빠르게 변한다. 우리가 알고 있는 브랜드들의 유래나 역사, 차이점 등을 파악하고 있다면 식기 선택에 도움이 될 것이다. 또한 재질의 특성, 색감과 패턴의 차이를 이용해서 테이블 세팅에 활용할 수도 있다.

도자기

01
도기와 자기, 본차이나의 차이

[도기]

보통 점토질의 흙을 성형해서 유약을 입힌 뒤 낮은 온도(800~1000℃)에서 구워 만든 그릇으로 점토가 완전히 유리질화 되지 않는 것이 특징이다. 뚝배기처럼 흙의 성분이 살아 있어서 물이 스며들거나 잘 깨진다. 옹기나 항아리, 뚝배기가 대표적이다.

[자기]

고령토를 1200~1400℃ 정도의 고온에서 구운 것으로 흡수성이 없고 유리질화 되어 반투명성이 있으므로 두드리면 맑은 소리가 난다. 고령토는 연한 회색이나 백색으로 철분 함량이 낮고 내화도가 높아 그릇을 얇게 만들 수 있다. 때문에 도기에 비해 투광성이 높다.

[본차이나(Bone china)]

자기와는 또 다른 본차이나는 골회자기(骨灰磁器)라고도 하며, 18세기 중국도자기를 모방해 탄생한 것이 영국의 본차이나이다. 고령토를 구하기 어려워 대용품으로 소뼈를 갈아 넣은 것이 시초로 1748년 토머스 프라이(THOMAS FRYE)가 최초로 발명했다. 단단하고 가벼우며 맑은 빛이 도는 반투명 도자기로 강도는 본차이나 > 자기 > 도기 순으로 강하다.

국내에서는 한국도자기가 70년대에 본차이나 제품을 개발해 선보였고 행남자기가 그 뒤를 이었다. 국내 본차이나 제품으로는 이 두 브랜드가 가장 유명하다.

02

산화소성과 환원소성의 차이

◦ 산화소성(좌)과 환원소성(우)의 비교 ◦

[산화소성]

산소를 차단해 굽는 방법을 환원소성, 가마 속에 공기를 계속 공급하면서 연료를 완전히 연소시켜 굽는 방법을 산화소성이라고 한다. 같은 백자를 만들 때 산화소성은 노르스름한 백색을 띠고 환원소성은 푸르스름한 백색이 된다.

[환원소성]

유약이 녹는 950℃ 정도에서 공기를 차단해서 유약과 산소의 결합을 막아 점토 내의 철(FE)의 작용으로 자기의 색이 푸른색을 띠는 백색으로 굽는 방법이다. 산화소성보다 굽는 온도가 높다.

특정 화합물을 포함한 유약을 칠한 경우 환원소성으로 만들면 산화소성한 경우와는 완전히 다른 색이 나타내기도 한다. 유약에 동이나 철의 산화물이 포함된 경우 산화철은 산화소성에서 황갈색, 환원소성에서는 자청색이 되고, 산화동은 산화소성에서 녹색 계열, 환원소성에서는 진사라고 하는 붉은색을 띤다. 이처럼 같은 유약이라도 굽는 방법에 따라 색이 다르게 나타난다. 색이 화려하며 저렴한 도자기들은 주로 산화소성으로 굽고, 진사, 청자, 분청사기, 푸른빛의 백자들은 환원소성으로 굽는다. 환원소성은 제품 조직을 강화시키고 방수 효과를 높인다.

브랜드별 특징

국내

01 광주요

1963년 이천에 조소수 선생이 광주요를 창립했고 1988년 조태권 대표가 식기류를 생산하면서 지금의 광주요로 자리잡았다. 한식 상차림에 어울리는 제품들이 많고 가격대도 다양해서 많은 소비자들이 사용한다. 특히 클래식 라인의 목부용문과 모던 라인 제품들이 인기가 좋으며 해마다 봄에 개최하는 기획전을 이용하면 저렴한 가격에 구매할 수 있다.

02
우일요

1978년 김태욱이 설립해 현재는 김재영 대표가 운영하고 있는 우일요는 2017년 9월 중순 이후 대부분의 라인 생산을 거의 중단하고 있으며 작품 라인과 일부의 생활자기만 판매하고 있다. 백자 특유의 맑고 매끈한 질감에 두껍고 묵직하며 한국적인 그림들로 인기를 얻고 있다. 온라인 판매는 하고 있지만 품목이 많지 않아서 매장 구입을 추천한다.

03
문도방

문병식 작가가 운영하는 개인 브랜드로 생활자기 위주의 백자가 주이며 작가 혼자서 물레작업을 하고 있다. 뛰어난 기량의 물레질과 전통을 재해석한 디테일로 각광받고 있다. 사과 모양의 볼이 대표적이며 현대적인 디자인과 고전적인 디자인을 매치한 독특한 제품들이 많다.
매장 혹은 홈페이지에서 구매가 가능하며 몇 년에 한 번씩 B품을 저렴하게 판매하기도 한다. 문도방 제품으로 테이블 세팅을 심사해 선물을 주는 공모전도 매년 진행하고 있다.

04
화소반

거친 질감과 소박한 색감이 특징인 김화중 작가의 브랜드로 그릇 테두리와 굽 주위로 유약을 입히지 않아 투톤의 느낌과 선을 강조했다. 판접시와 가운데를 눌러 오목하게 만든 사각 접시들이 대표적이다. 근래에는 두툼하고 무게감이 있던 이전 제품들을 보완해 얇고 가벼운 제품들을 선보이고 있다. 최근 사업을 확장해 백화점과 판매 매장이 늘어나고 있다.

해외

01
빌레로이 앤 보흐
Villeroy & Boch

독일 브랜드로 1748년 장 프랑소와 보흐(JEAN-FRANCOIS BOCH)와 세 아들이 욕실 도기 제품을 제작하면서 시작했다. 1800년대에 사업가 빌레로이와 도기 제작자 보흐가 두 회사를 합병해 빌레로이&보흐를 설립했다. 코르시카 출신의 제랄드 라플라우(GÉRARD LAPLAU)가 디자인한 그림이 특징인 나이프(NAIF)와 과일, 꽃무늬의 프렌치가든(FRENCH GARDEN)이 오랜 인기를 누리고 있다.
국내 백화점과 마트에서 판매하고 있으며 미국 빌레로이 앤보흐 사이트에서 한국어로 된 공지를 띄울만큼 직접 구매하는 사람들도 많다. 연말 할인 등을 활용하면 더 저렴하게 구입할 수 있다.

02

로얄 코펜하겐
Royal Copenhagen

덴마크를 상징하는 왕실 도자기 브랜드로 1775년 시작했다. 로고인 왕관 밑의 세 개의 물결 무늬는 덴마크의 세 해협 외레순(ØRESUND), 그레이트 벨트(GREAT BELT), 리틀벨트(LITTLE BELT)를 뜻한다. 식물도감에서 그림을 가져와 금도금으로 화려하게 장식한 플로라 다니카(FLORA DANICA)와 파란색의 그림이 특징인 블루 플루티드(BLUE FLUTED) 라인이 대표적이다. 백화점에서 구매하면 2년 동안 파손을 보장해준다. 그러나 보통 가격대가 비싸기 때문에 아울렛에서 할인할 때 구매를 많이 하는 편이며 아울렛 제품을 구매할 때는 페인팅을 꼼꼼히 확인하는 것이 좋다. 일본 코펜하겐 사이트에서 특가 할인을 종종 하기 때문에 배송대행을 통하는 것도 방법이다.

03

헤렌드 Herend

세계 4대 도자기 브랜드로 1826년 헝가리 왕실의 지원으로 헤렌드에서 도기 공방으로 시작했다. 초기에는 마이센의 디자인을 주로 모방했다. 그 뒤 공장이 파산하게 되고 크리에이터였던 모르 피셔(MOR FISCHER)가 파산한 공장을 인수하며 각각의 왕실과 가문만의 독특한 디자인을 개발, 유럽 왕가와 귀족들에게 판매하면서 유명해졌다. 퀸 빅토리아(QUEEN VICTORIA), 아포니(APPONYI) 라인이 대표적이다.

화려한 패턴과 선명한 색감, 금색 칠 이외에도 꽃이나 과일, 새 등의 모양을 직접 빚어 뚜껑에 장식한 것이 특징이다.

04

마이센 Meissen

17세기 중국, 일본 등에서 자기들이 유입되면서 유럽도 포슬린 도자기 제작에 도전하기 시작했다. 독일의 치른하우스(TSCHIRNHAUS)와 보트거(J. F. BOTTGER)가 이에 성공하여 1710년 유럽에 최초로 포슬린을 제작했다. 이 보트거는 마이센의 초대 디렉터였는데 중국 오채 자기의 모방으로 시작해 중국 자기를 변형해 제작한 것이 많다. 이후 프랑스, 영국 등 유럽 전역으로 자기 제작 기법이 확산되었고 마이센의 모방품이 많아지면서 진품을 보호하기 위해 크로스 쏘드 (CROSSED-SWORDS) 마크가 디자인되었다. 그 뒤로 다양한 디자인을 선보이며 전 세계적인 포슬린 브랜드로 자리잡았다. 블루어니언(BLUE ONION), 웨이브(WAVE), 플라워(FLOWER) 시리즈 등이 유명하다. 일본에서는 전용 디자인이 나올 만큼 시장 규모가 크고 백화점에서도 많이 판매하고 있다.

◦ 마이센의 심볼인 크로스 쏘드 마크 ◦

05

웨지우드 Wedgwood

1759년 영국 도자기의 아버지로 불리는 조슈아 웨지우드(JOSIAH WEDGWOOD)가 창립했다. 왕실을 위한 최고급 제품부터 일반 제품까지 다양하게 생산하고 있다. 1812년부터 본차이나 제품을 생산했으며 플로렌틴 터콰즈(FLORENTINE TURQUOISE)와 재스퍼(JASPER) 시리즈가 유명하다. 영국 브랜드라서 티세트들이 다양하고 종류가 많으며 예쁜 박스에 담은 티잔 세트들도 판매하고 있다.

06
로얄 알버트
Royal Albert

알버트 왕세자의 탄생을 기념하기 위해 1896년 잉글랜드 롱톤(ENGLAND LONGTON) 지역에 알버트 웍스(ALBERT WORKS)를 설립한 것이 시초이다.

1897년 빅토리아 여왕의 즉위 60주년 기념 왕실 도자기 세트를 처음 만들기 시작했으며 로얄 알버트라는 이름은 1904년부터 사용했다. 1972년 로얄덜튼그룹에 합병되었고 2002년에 공장을 인도네시아로 옮기게 된다. 우리나라에서는 황실장미 시리즈(OLD COUNTRY ROSE), 해외에서는 레이디 칼라일(LADY CARLYLE)이 사랑을 받고 있다. 80년대부터 여성적이고 우아한 패턴들로 꾸준한 인기를 얻고 있다.

07

리차드 지노리
Richard Ginori

유럽에서 포슬린을 세 번째로 도입한 회사로 마르퀴스 카를로 지노리(MARQUIS CARLO GINORI) 후작이 1735년 이탈리아 피렌체 도치아 지역에 도치아 도자기 공장을 세우면서 시작되었다.
1896년 리차드 세라믹 컴퍼니(SOCIETA CERAMICA RICHARD)라는 회사와 합병해 지금의 리차드 지노리가 되었다. 모든 제품의 페인팅이 수작업으로 이루어지는 지노리는 유럽 왕실 귀족들과 세계 부유층들의 인기를 얻었다. 그러나 2013년 파산으로 패션브랜드 구찌에 매각되어 2016년 구찌, 입생로랑, 발렌시아가 등을 소유한 캐린 그룹에 속하게 되었다. 이탈리아를 대표하는 도자기 브랜드이며 현대적이고 감각적인 디자인의 제품을 계속 출시하고 있다. 이탈리안 푸룻 시리즈가 제일 유명하며 같은 라인이지만 그림이 약간씩 다른 매력이 있다.

08

로마노소프 포슬린
Lomonosov Porcelain

1744년에 설립된 러시아 황실 소유의 도자기이다. 로마노소프 포슬린이라는 이름은 1917년 이후부터로 러시아 포슬린 자기 제조법을 개발한 과학자 미하일 로마노소프(MIKHAIL LOMONOSOV)의 이름을 따서 불리게 되었다. 가장 대표적인 로마노소프의 코발트넷 시리즈는 18세기 말 예카테리나 대제에 의해 디자인된 패턴이다. 금색과 푸른색 패턴이 우아하고 고급스러운 분위기를 자아내며 주로 티세트가 많이 쓰이고 있다.
현재는 임페리얼 포슬린(IMPERIAL PORCELAIN)으로 이름을 변경했으나 여전히 로마노소프로 많이 불린다.

09

덴비
Denby

200년 역사의 영국 브랜드로 1809년 윌리엄 본(WILLIAM BOURNE)이 더비셔 지방에 도자기 공장을 설립하면서 시작되었다. 200개 이상의 유약 제조법을 가지고 있으며 진한 푸른빛의 코티지 블루(COTTAGE BLUE)와 연한 색감의 헤리티지(HERITAGE)가 대표 라인이다.

은은한 색감부터 강렬한 푸른빛까지 색이 다양하며 깔끔하고 단순한 그릇의 라인들이 한국 자기의 느낌을 주기 때문에 한식과도 잘 어울린다. 색이 다른 라인들끼리 매치하기에도 좋다.

10

포트메리언
Portmeirion

1960년 수잔 윌리엄스 엘리스(SUSAN WILLIAMS-ELLIS)와 남편 이안 쿠퍼 윌리스(EUAN COOPER-WILLIS)가 영국 웨일스 지방 북부에 설립했으며 1972년 유니버셜 허벌(UNIVERSAL HERBAL)과 모럴스 오브 플라워(MORALS OF FLOWER)라는 책에서 영감을 얻어 보타닉 가든을 출시했다. 그 뒤 보타닉 가든(BOTANIC GARDEN)은 지금까지 오랜 인기를 얻으며 현재의 포트메리언 대표 디자인이 되었다.

우리나라에서는 1980년대부터 꾸준히 인기를 얻으면서 국민 그릇으로 불릴 만큼 많이 사용하고 있으며 엄마부터 딸까지 이어져 사랑받는 그릇이 되었다. 예전에 비해 가격이 많이 저렴해졌고 홈쇼핑을 통해서도 구입이 가능하다.

11

노리다케 Noritake

무역회사를 운영하던 모리무라 이치자에몬(森村市左衛門)이 1904년 일본 나고야의 노리다케 지역에 도자기 회사를 설립했고 그 뒤 유럽 시장을 겨냥한 서양식 식기를 제작하는 회사로 발전했다. 잔잔한 꽃무늬와 레이스 느낌의 여성스러운 라인이 특징이다. 얇고 가벼우면서 우아한 느낌의 티웨어가 유명하다.

12

이딸라 Iittala

1881년 스웨덴 출신의 페트루스 마그누스 아브라암슨(PETRUS MAGNUS ABRAHAMSSON)이 핀란드 이딸라 지역에 설립한 유리 그릇 공장에서 시작한 브랜드이다. 디자이너 이름을 딴 아이노 알토(AINO AALTO), 타이카(TAIKA), 카스테헬미(KASTEHELMI), 띠마(TEEMA)가 대표적인 제품 라인이다.
최근 몇 년 사이에 북유럽 제품들이 인기를 얻으면서 이딸라도 많이 사용되고 있다. 직선의 단순한 라인과 북유럽 특유의 다양한 디자인이 특징이지만 타이카처럼 화려하고 카스테헬미처럼 장식적인 유리볼들도 있다. 한국 구매자들이 늘면서 한식기 라인도 생산되고 있으며 홈페이지에도 한글이 지원된다.

13

아라비아핀란드 Arabia Finland

1873년 러시아 수출을 위해 로스트란트(ROSTRAND)가 핀란드에 설립한 브랜드이다. 단색이면서 심플한 디자인의 코코(KOKO), 푸른색 점 테두리의 투오키오(TUOKIO), 화려한 무늬와 색감의 파라티시(PARATIISI), 토베 얀손(TOVE JANSSON)의 동화 캐릭터인 무민(MOOMIN) 시리즈 등이 있다. 이딸라와 비슷한 듯 다른 아라비아핀란드는 단순하면서도 과감한 페인팅과 귀여운 캐릭터가 특징이다. 특히 무민 시리즈는 다른 디자인을 끊임없이 선보이고 있어서 수집가들을 곤란하게 하고 있다.
최근 북유럽 스타일 그릇들의 유행으로 아라비아핀란드의 단종 제품들을 구하기 어려워졌을 뿐만 아니라 가격 또한 비싸지고 있다. 이런 단종 제품은 앤틱숍에서 주로 판매하고 있으나 온라인 카페를 통한 개인 구매가 더 저렴한 편이다.

◦ 노리다케 ◦

◦ 이딸라 ◦

◦ 아라비아핀란드 ◦

주목받는 브랜드

01
이이호시 유미코
Iihoshi Yumiko

일본 작가의 작품으로 새 모양의 토리(TORI), 손잡이가 달린 접시인 본보야지(BON VOYAGE), 티타임용 언주르(UN JOUR) 등이 있다. 귀엽고 단순한 디자인과 매트한 표면이 모노톤의 색감과 어울려 유명해지고 있다.

02
아리타 자기
Arita

일본의 아리타는 도자기로 유명한 지역으로 공방마다 특징 있는 도자기들이 한국에도 유행하고 있다.

03

이은범

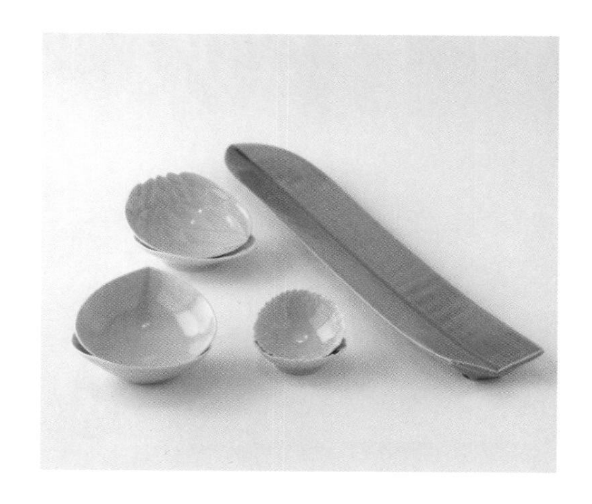

이은범 작가는 현대적인 청자를 만들어 내는 도예가이다. 연꽃무늬 접시로 유명해지기 시작했으며 꽃잎 모양을 섬세하게 수작업한 접시와 긴 나뭇잎 모양을 딴 접시 등이 특징이다.

04

해인요

백자를 주로 제작하는 김상인 작가의 브랜드로 조선 백자를 모티브로 해 전통적인 디자인을 식기에 접목시켰다.

05

에르메스
Hermes

사진 출처 : 에르메스 홈페이지

프랑스의 유명 패션 브랜드인 에르메스는 1978년에 장 루이 뒤마(JEAN LOUIS DUMAS)가 회장이 되면서 테이블웨어를 선보이기 시작했다. 강렬한 색감과 에르메스 특유의 화려한 무늬로 최근에 사용하는 사람들이 많아지고 있다.

유기

01
유기란?

구리 78%에 주석 22%의 비율로 제조한 합금 식기를 말한다. 구리와 아연 합금은 제조 시 불순물이 섞이기 쉽지만 구리와 주석 합금은 그렇지 않다. 그래서 주로 구리와 아연 합금은 촛대 등 식기가 아닌 물건을 만들 때 사용하고 식기에는 구리와 주석 합금을 사용한다.
구리는 높은 열을 가해도 인체에 유해한 성분이 나오지 않고 보온 보냉 효과가 뛰어나며 살균 효과도 있다.

02
유기의 세척

유기는 특유의 쇠냄새가 나기 때문에 사용 전 세척이 중요하다. 오일을 이용해 연마제를 닦아주고 쌀뜨물 혹은 밀가루를 푼 물에 세척해 냄새를 없앤다. 그 뒤 물기를 닦고 말려서 사용한다.
사용한 뒤에는 중성세제를 사용해 세척하며 쇠냄새가 없어질 때까지 쌀뜨물과 밀가루를 푼 물에 추가로 세척을 해주면 좋다. 특히 처음 한 달 정도는 세척한 뒤 물 얼룩이 생기므로 물기를 닦아준다.

03
유기의 녹

예전의 놋그릇들은 배합을 정확히 맞추지 못하거나 기술력의 차이로 불순물이 섞이는 경우가 있어 녹이 많이 났다. 특히 50~60년대에는 탄피와 고철을 녹여 만든 놋그릇들이 유통되었고 그래서 놋그릇은 관리가 어렵다는 편견을 갖게 되었다. 하지만 최근의 유기는 정확한 합금비율로 만들어서 물기 제거만 해준다면 녹이 잘 생기지 않는다.

04

유기의 변색과 녹 제거

01

유기는 사용하다 보면 특유의 빛이 사라지고 어둡게 변한다. 또한 물기가 남아 녹이 생기는 경우도 있다.

02

마른 상태에서 수세미로 닦아 변색과 녹을 제거해야 한다. 손에 검정 쇳가루가 묻으므로 꼭 장갑을 끼고 결 방향대로 문질러 준다.

03

밀가루를 푼 물에 쇳가루를 씻어내면 깨끗한 원래 상태로 만들 수 있다.

05

방짜유기와 주조유기의 차이

방짜유기는 놋쇠를 망치로 쳐서 모양을 만드는 것으로 두드려 만들어 굽이 없다. 그러나 방짜유기인데도 낙관의 테두리를 일부러 만드는 경우도 있다. 반대로 주조유기는 굽을 깎아내 방짜유기로 판매하는 경우가 있으니 구매할 때 주의해야 한다.

주조유기는 틀에 녹인 쇳물을 부어 그릇의 형태를 만드는 방법으로 가열하는 냄비, 화로들은 주조유기이다. 방짜유기는 열에 약해서 가열하면 깨지기 쉽기 때문이다.

◦ 방짜유기(좌)와 주조유기(우)의 바닥 비교 ◦

대신 방짜유기는 주물유기에 비해 형태가 잘 변하지 않고 단단하며 변색이 덜 되고 표면이 더 매끈하다. 또한 두드린 자국이 특징적이다. 그리고 두드렸을 때 소리가 맑고 울림이 있어 꽹과리, 징과 같은 악기들은 방짜로 만든다.

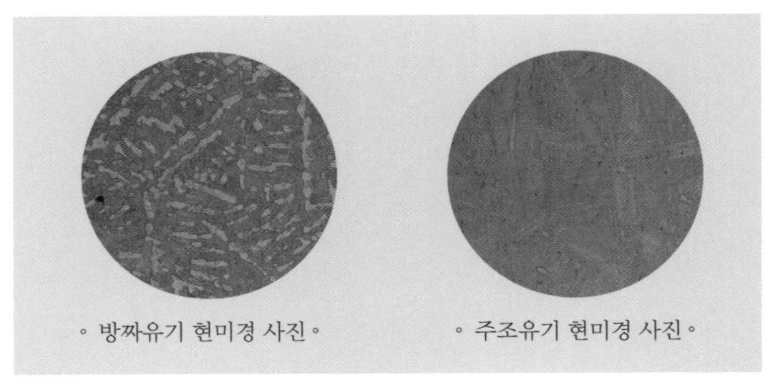

방짜유기는 두드려 만들기 때문에 기공이 없고 조직이 강하나
주조유기는 표면에 기공이 많고 조직이 엉성하다.

브랜드별 특징

01
이봉주

국내에서 최초로 1983년 방짜유기 국가무형문화재로 지정되었다. 유기 장인으로 가장 유명하며 70년 동안 유기를 만들어왔다. 현재는 아들과 손자가 가업을 잇고 있다. 아들인 이형근 유기장은 2015년에 무형문화재로 지정되었다.

02

이종덕

2011년 무형문화재로 지정되었다. 방짜유기로 유명하며 전승공예대전에서 수상을 했다. 두들긴 자국이 뚜렷한 작가 작품은 일반 유기에 비해 더 고가인 편이다.

03

김선익

경북 봉화의 유기장으로 1994년도에 무형문화재로 지정되었다. 현대적인 디자인의 제품들이 많으며 손잡이가 달린 유기 머그컵이 특히 유명하다.

04

놋담

죽전도예에서 2013년에 선보인 유기전문 브랜드이다. 유기를 현대적으로 해석한 여러 가지 제품들이 있으며 특히 커트러리 세트를 유기로 제작해 높은 인기를 얻고 있다.

옻칠 제품

옻나무에서 채취한 수액으로 만든 천연도료로 이집트는 기원전 3000년, 중국은 기원전 2500년이라고 알려져 있다. 그리고 우리나라 옻칠의 역사는 기원전 1000~300년으로 추정하고 있다. 옻칠은 항균력, 방수, 방충, 방부 효과가 뛰어나며 내염성, 내열성이 좋아 옻칠로 된 도시락을 사용하면 음식이 빨리 상하지 않는다. 환경호르몬이나 화학호르몬이 없다는 것 또한 장점이다.

01 옻칠 제품의 사용

옻칠 제품은 일반적으로 중성세제로 세척하고 물기를 제거한 뒤 그늘에 보관한다. 직사광선을 받으면 칠이 하얗게 변하고 자주 사용해야 윤기와 색이 진해진다.

02 생칠과 정제칠

생칠은 채취 과정에서 생긴 먼지, 이물질을 거르는 여과 과정을 거친 것을 말한다. 독성이 강해 사용이 쉽지 않으며 해충을 죽이는 효과가 높다.

정제칠은 생칠을 교반, 가열해 수분을 증발시킨 것으로 양이 1/3로 줄어들며 생칠에 비해 고가이다. 수분을 증발시켜서 부패가 덜하고 관리가 편하다. 입자 또한 정제칠이 0.1㎛, 생칠이 10㎛로 정제칠의 입자가 작아 칠의 표면이 훨씬 깨끗하고 광택이 난다. 그렇기 때문에 같은 두께의 칠이라도 정제칠이 내구성이 더 강하며 여러 가지 색상을 구현할 수 있다.

◦ 생칠을 한 제품 ◦

◦ 정제칠을 한 제품 ◦

03

저가 옻칠(카슈칠)과 고가 옻칠의 차이

카슈(CASHEW)칠은 캐슈넛에서 추출한 식물성 도료로, 썩는 것을 방지하기 위해 포름알데히드와 멜라민 등을 섞어 만들며 납성분과 포르말린이 들어있어서 인체에 유해하다. 1939년 일본 카슈 회사에서 개발했으나 현재 일본에서는 식기류에 사용이 금지되어 있다. 옻칠과 비슷해 주로 제기 제품, 저가의 옻칠 조리 도구에 옻대용으로 쓰이며 옻칠에 비해 수명이 짧고 습기에 약하며 광택이 쉽게 사라진다. 또한 특유의 불쾌한 냄새가 난다.

04

옻칠과 카슈칠의 비교

옻칠과 카슈칠은 색상이 다르지만 카슈칠에 색상이 더해지는 경우도 있어서 색상만으로는 구별이 어려울 때가 있다. 따라서 제품 상세 설명서를 꼭 확인해야 한다.

카슈칠에 들어가는 납성분과 포르말린은 옻칠에 사용할 경우 색혼합이 안되고 오히려 색이 검어지며 굳어버리기 때문에 첨가할 수 없다. 또한 옻칠은 카슈칠에 비해 습기에 강하며 광택이 오래 지속된다. 뜨거운 열에서도 유해물질을 방출하지 않으며 해충에 80% 이상 기피성을 가지고 항곰팡이, 부패방지, 항균, 방독성 등이 탁월하다.

◦ 카슈칠 ◦

◦ 옻칠 ◦

브랜드별 특징

01
이바돔

2000년에 설립한 국내 옻칠목기 생활용품 업체로 수십 년간 목공예 분야에 종사한 장인들과 옻칠 장인들이 전문 분야별로 나뉘어 주방용품과 생활용품을 제작하고 있다. 다양한 제품들이 있으며 온라인과 백화점에서 구매할 수 있다.

02
최석현 옻칠 장인

1972년부터 옻칠 공예를 시작한 한국 전통 공예의 명장이다. 사람들이 접근하기 쉬운 옻칠 그릇이 식탁 문화에 활용되길 바라는 장인은 식기류의 옻칠 제품 제작에 공을 들이고 있다.

옻칠은 칠한 횟수에 따라 색의 차이가 많이 난다. 보통 식기류는 7~8번, 수저 등은 5~6번의 옻칠이 필요하다.

옻칠 제품은 여러 번 칠할수록 옻칠의 강도가 뛰어나고 내구성이 좋아진다.

03
임랑갤러리

전통 공예의 장인, 무형문화재 명장들의 작품을 전시, 판매하는 곳으로 차가구, 찻사발 등을 전문적으로 판매해 왔으며 최근에는 옻칠 식탁 매트와 옻칠 그릇, 옻칠 수저 등을 제작, 판매하고 있다. 자개 장식을 한 옻칠 매트는 청와대 만찬에서도 사용되었다. 리빙페어와 차 문화박람회 등에서 할인된 가격으로 구매할 수 있다.

ONGGI

옹기

01
좋은 옹기 고르는 법

좋은 옹기는 두드렸을 때 소리가 맑고 모양은 반듯하며 균일해야 한다. 또한 통기성이 좋아야 하는데, 수작업으로 만든 옹기는 모래를 혼합해 통기성이 좋은 반면 공장에서 대량으로 만든 옹기는 모래가 들어가면 성형이 어렵기 때문에 제작이 불가능하다. 그래서 수작업으로 만든 옹기가 장류나 발효음식을 보관하기에 더 적합하다.

유난히 검고 반짝이는 유약은 두껍게 발라진 것으로 옹기가 숨을 쉴 수 없으므로 피해야 한다.

◦ 공장생산 옹기(좌)와 수작업 옹기(우)의 테두리 비교 ◦

02

유약의 납과 카드뮴

장단 또는 광명단이라 불리는 이 유약은 납이 주성분으로 19세기 말에 들어와 일제 시대를 거치며 전통유약인 잿물 대신 옹기 유약으로 사용되었다. 광명단 옹기는 보통 550~880℃ 사이에서 굽기 때문에 옹기가 단단하지 못해 잘 깨진다. 특유의 진한 검은 갈색으로 반짝이며 유리알 같은 유약의 특성으로 숨구멍을 막아 옹기 특유의 장점을 살리지 못한다.
또한 광명단 유약은 산에 약해 주로 발효식품을 담는 옹기의 특성상 음식을 보관할 때 납이 용출될 수 있다. 따라서 전통유약 옹기를 고르는 것이 중요하다. 골동품이나 중고 옹기를 구매할 때는 특히 조심하는 것이 좋다.

03

옹기 사용법

옹기는 소금을 푼 물에 세척하고 기름기가 있는 음식을 담았을 경우에는 밀가루로 기름기를 제거한다. 단 뜨거운 물을 사용하면 파손의 위험이 있다. 장을 담았던 옹기는 숯을 넣거나 혹은 그냥 물을 가득 채워 일주일간 방치한 뒤 밀가루로 씻어내고 한지를 태워 훈증 소독한다. 그러나 보통 장을 담았던 옹기는 염분과 장 특유의 냄새 때문에 장류 전용으로 사용하는 것이 좋다.

04
강진 칠량봉황옹기 장인 정윤석

정윤석 옹기 장인은 16세부터 옹기를 만들기 시작했다. 1996년 옹기 기능 전승자로 지정되었고 2011년 국가 중요무형문화제 96호 옹기장이 되었다. 현재 막내아들인 정영균 씨가 전수자로 대를 잇고 있다.

칠량봉황옹기의 특징은 옹기토와 점토, 백토, 모래가 섞인 흙으로 옹기를 직접 손으로 빚어 제작한다는 것이다. 모래가 섞인 흙으로 옹기를 만들면 통기성이 좋아 장류와 발효음식을 보관하기에 알맞다. 특히 모래가 섞인 옹기는 틀로 성형해서 만들기 어렵고 수작업으로만 제작이 가능해서 그 가치가 더 높다. 유약 또한 소나무재와 참나무재, 약토를 사용하고 높은 온도에서 구워 강도가 뛰어나며 색이 은은하다.

BAMBOO

대나무 제품

01
사용 전 길들이기

넓은 통에 물을 가득 담고 소금 1스푼과 식초 4스푼을 넣어 희석한 뒤 대나무 바구니를 세척한다. 틈새까지 골고루 닦고 그늘에 말려 나무 냄새를 제거한다.

01 물에 소금과 식초 넣기

02 소금&식초물에 닦기

02
대나무 바구니 관리 및 사용

기름진 음식을 올릴 때는 기름종이를 깔아야 한다. 또한 비닐에 넣어 보관할 때는 밀봉하지 말고 공기가 통하게 열어 둔다.

01 베이킹소다나 밀가루를 푼 물로 세척하고 마지막 헹굼 전에 스프레이로 소주를 뿌려 5~10분 그대로 두었다가 세척한다. 세척한 뒤에는 바람이 통하는 그늘에서 말린다.

02 대나무 바구니를 보관할 때는 한지를 끼워 놓는다.

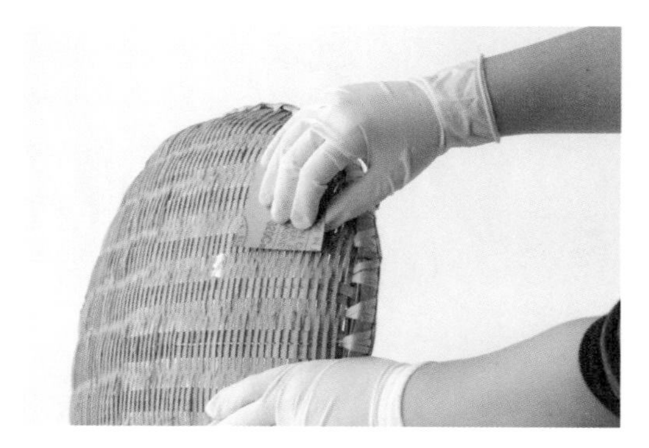
곰팡이가 생긴 부분은 사포로 살짝 갈아내고 베이킹소다로 세척한다.

대나무 살이 부러졌을 때는 목화실, 모시, 삼베로 수선해서 사용한다.

03
대나무 바구니 공예작가 한창균

대나무로 다양한 패턴의 무늬를 엮어 만드는 작품이 특징인 한창균 작가는 원래 짚 공예로 시작했지만 2010년 노승걸 대나무 공예 명인을 만나 현재의 대나무 공예가가 되었다. 대표적인 작품으로는 대나무 접시가 있으며 새둥지를 닮은 바구니 역시 독특하다.
전라남도 곡성에서 대나무 작품 제작 수업을 하고 있으며, 밀라노 디자인 위크에서 진행된 '한국 공예의 법고창신 2018'에 참가했다.

SLATE

돌 제품

01
전처리 방법 및 세척

[바오]

01

사용 전 물에 돌가루를 세척한다.

02

물기가 마른 뒤 기름을 발라 표면을 코팅한다.

[곱돌]

곱돌은 처음에 물로 세척한 뒤 쌀뜨물을 넣고 약불로 끓인다. 사용한 뒤에는 오일 코팅을 해주고 세제는 사용하지 않는 것이 좋다. 자연석 그대로 가공하기 때문에 강한 열과 충격에 약한 편이라 사용하다 균열이 생기는 경우가 종종 있다.

02
슬레이트 재질 식기의 관리

바오스톤 같은 슬레이트(SLATE) 접시나 보드는 사용한 뒤에 중성세제로 세척하고 완전히 건조시킨다. 치즈처럼 기름진 음식을 담아 자국이 남았을 때는 미네랄 오일을 발라서 얼룩을 없앤다. 충격에 약하기 때문에 발포지에 포장해서 보관한다.

브랜드별 특징

01
바오 Bao

점판암 100% 석재로 만든 접시로 모서리 표면이 고르지 못하고 강도가 약하다. 날카로운 부분은 사포로 갈아서 사용한다. 전자레인지, 오븐, 식기세척기에는 사용하지 않는다. 주로 바오스톤(BAO STONE)이 판매되고 있으며 식약청 검사를 통과한 제품이라 안심하고 사용해도 된다.

02
장수 곱돌

천연곱돌을 가공해 만든 것으로 뚝배기와 전골, 불판 등이 있다. 균열이 생기는 경우가 있으니 급격한 온도 변화와 충격에 주의해야 한다. 장수군에 위치한 직영공장에서 만든 자체 브랜드이며 쇼핑몰을 운영하고 있다.

MARBLE

대리석

01

대리석의 소독 및 세척

물기에 약하므로 세척한 뒤 부드러운 천으로 바로 닦아준다. 식기세척기에 넣지 말고 물에 오래 담가두지 않는다. 살균 소독할 때는 따뜻한 물에 식초를 약간 넣어 2~3분 담가 두었다가 물로 씻어낸다.

02

대리석과 오일 그리고 얼룩 방지

대리석은 오염에 취약해 얼룩이 쉽게 생긴다. 특히 기름진 음식, 색이 있는 음식에는 더욱 주의가 필요하다. 이런 음식들은 대리석 위에 종이 포일이나 유산지 등을 깔고 놓는 것이 좋으며 얼룩이 생기면 바로 중성 세제로 세척한다.

03
대리석 얼룩 제거

01

대리석은 착색이 잘되어 색이 강한 음식이 묻으면 닦아내도 얼룩이 남는다.

02

얼룩이 지워지지 않을 때는 과산화수소에 베이킹소다를 3:7의 비율로 섞어 바르고 하루 방치 후 닦아준다.

03

얼룩이 그대로 남아 있다면 직사광선이 직접 닿지 않는 밝은 곳에 일주일가량 방치하면 얼룩이 사라진다.

04
대리석 제품들

대리석은 천연 재질로 식기로 사용이 가능하며 시원하고 세련된 분위기를 연출한다. 최근 인기가 좋아 인테리어 용품과 테이블, 식기 등으로 많이 쓰이고 있다.

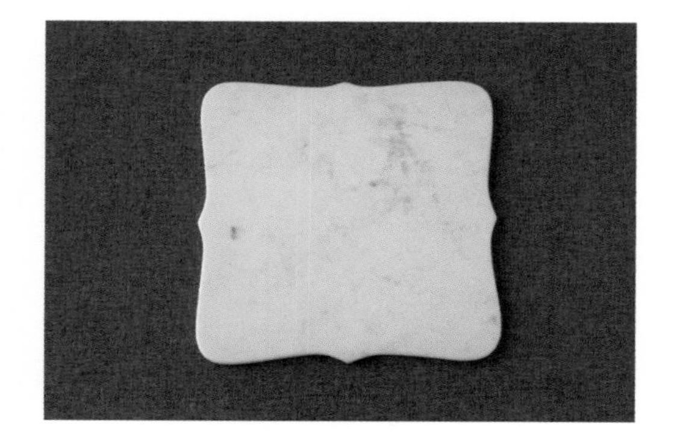

TABLE SETTING

테이블 세팅법

01
흰 그릇의 매치 방법

흰 그릇은 음식을 가장 돋보이게 해주는 기본 그릇이다. 하지만 푸른빛을 띠는 흰색, 노란 빛을 띄는 흰색 등 같은 흰색 그릇도 차이가 있다. 그래서 비슷한 톤의 흰색으로 색을 맞추면 브랜드가 다른 그릇이라도 어색하지 않게 섞어 쓸 수 있다. 그러나 흰색만 배치했을 때 단순한 느낌이 들 수 있으니 컬러풀한 그릇이나 소품으로 포인트를 주면 더 좋다.

◦ 흰 그릇의 색 차이 비교(좌-푸른빛, 우-노란빛) ◦

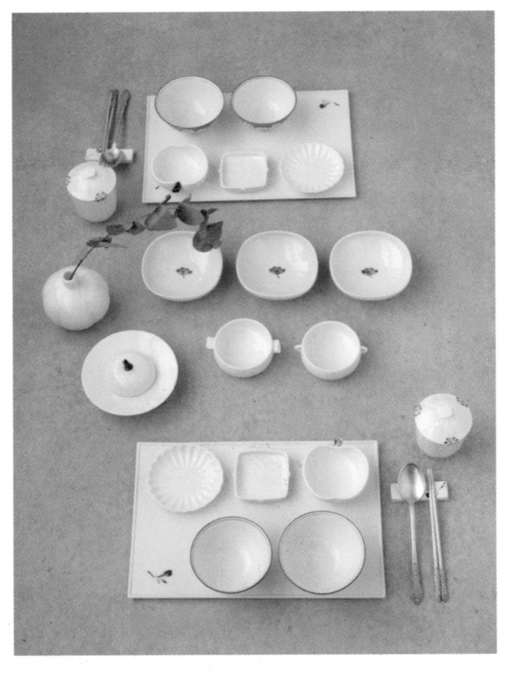

◦ 다른 브랜드의 세팅 ◦

02
같은 음식의 다른 세팅

둥근 그릇은 둥글게, 네모난 그릇은 길게 일렬로 배열하면 같은 음식이라도 다른 느낌을 줄 수 있다. 둥근 접시에 담을 때는 가운데 종지를 놓는 것도 세팅의 한 방법이다.

◦ 둥근 세팅 ◦

◦ 네모 세팅 ◦

같은 재료라도 재질이 다른 보드를 이용해 분위기를 다르게 연출할 수 있다. 대리석 보드는 시원하고 세련된 느낌을, 나무 보드는 내추럴하고 따뜻한 느낌을 준다.

◦ 대리석 보드 세팅 ◦

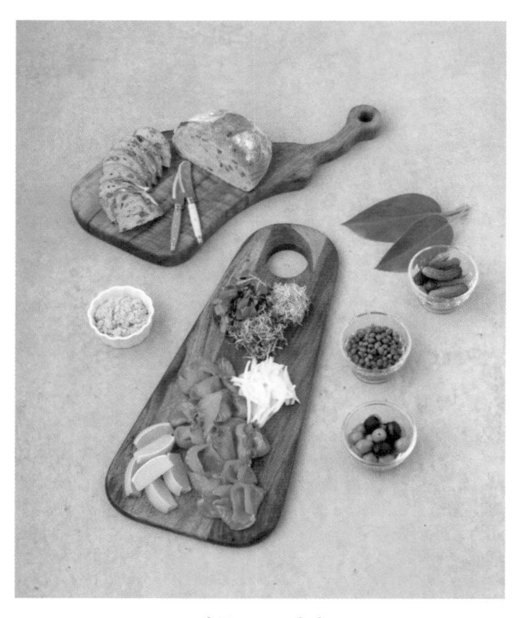
◦ 나무 보드 세팅 ◦

03
종지의 활용

테이블 세팅에 다양한 모양과 색이 다른 종지들을 이용하는 것도 방법이다. 주로 소스나 장류를 담는 종지는 최근 장식, 1인 상차림의 반찬기, 수저 받침대 용도로 많이 사용하고 있다.

04
뚜껑 있는 그릇의 활용

작은 합에는 담은 모양새가 예쁘지 않고 마르기 쉬운 젓갈 등을 담으면 좋다. 큰 합에는 수프나 찜 같은 것을 담으면 식지 않게 보관할 수 있고 덜어 먹을 때도 좋다. 특히 손님상 차림에 이용하면 정갈하고 격식 있는 분위기 연출이 가능하고 손님에게 대접받는 느낌을 줄 수 있다.

05
수저받침

수저받침을 이용해도 발랄하고 단정한 분위기 연출이 가능하다. 재질이나 모양이 다양해서 계절감을 나타내거나 요리 재료에 따라 소품으로 사용할 수 있다.

06

꽃이나 나뭇잎을 이용한 세팅

꽃을 이용하면 테이블 세팅에 다양한 분위기 연출이 가능하다.

냅킨 위에 작은 꽃이나 나뭇잎, 혹은 가지를 올리면 꽃을 많이 장식하지 않아도 화사한 분위기를 낼 수 있다.

유칼립투스 같은 가지를 테이블 위에 길게 늘어놓는 것만으로도 풍성하고 화려한 장식이 가능하다.

다양한 유리병과 컵을 사용해 꽃을 장식하면 귀엽고 발랄한 테이블이 연출된다.

07
브랜드와 재질이 다른 그릇의 매치

재질이나 브랜드가 다른 그릇을 매치할 때는 너무 복잡하지 않게 톤을 3가지 이하로 맞추고 그림이 있는 그릇은 그림과 같은 색상이 있는 단색 그릇을 매치하는 것이 좋다.

◦ 백자와 유기의 매치 ◦

◦ 분청, 청자, 유기의 매치 ◦

브랜드가 다르고 모양이 복잡한 그릇이라도 비슷한 색으로 맞춰 쌓으면 색다른 분위기가 연출된다.

한식 상차림에도 겹쳐 쌓기를 이용하면 정성스러운 상차림이 된다. 특히 죽기나 합들은 접시를 받쳐 세팅하는 것이 좋다.

kitchen tools & cutlery

CHAPTER 05

조리 도구, 커트러리

다양한 색감과 디자인의 커트러리는 테이블 세팅에 중요한 역할을 하며 재질 특성에 따라 다른 분위기의 연출이 가능하다. 커트러리는 무수히 많은 브랜드와 종류가 있으므로 특징을 잘 알고 구매하는 것이 좋다.
식재료를 손질하고 요리에 사용하는 조리 도구 역시 기능과 재질에 따라 그 종류가 수없이 많다. 전부 필요하지는 않지만 기본적인 도구를 갖추어 놓으면 조리 시간을 단축할 수 있다.

KITCHEN TOOLS

조리 도구

01

조리 도구 재질에 따른 사용 및 세척

스테인리스 조리 도구는 코팅 제품에 세게 사용하면 스크래치를 만들어 코팅이 상하기 때문에 사용을 피해야 한다. 전처리 세척을 할 때는 틈새에 연마제가 많이 남아 있으므로 오일로 닦아주는 것이 좋다.
나무 제품은 음식물에 의해 물이 들고 수분에 약해 물기가 많은 요리에 오래 담가 두지 않아야 한다. 또 세척할 때 세제를 사용하면 스며들기 때문에 밀가루나 베이킹소다를 이용해서 세척하는 것이 안전하다.
실리콘은 음식이나 액체, 일반 화학물질과 반응하지 않고 유해가스를 내지 않는다. 또한 유연하고 빨리 식으며 음식 냄새가 배지 않는 것이 장점이다. 유해한 염료나 합성실리콘이 들어간 저가 실리콘 제품도 있어 구입 시 주의해야 한다.

02

냄비 재질별 사용 조리 도구

[스테인리스 냄비, 구리 냄비]

조리 도구의 재질에 상관없이 사용할 수 있으나 스테인리스 조리 도구로 세게 긁으면 스크래치가 나므로 주의해야 한다.

[코팅 냄비]

코팅 냄비는 스테인리스 조리 도구를 사용하지 않는 것이 좋다. 코팅이 충격을 받아 벗겨지는 경우도 있으니 실리콘 조리 도구를 사용하며 나무 조리 도구 또한 너무 세게 긁지 않는다.

03
재질별 브랜드

[나무]

스캔팬(Scanpan), 에피큐리언(Epicurean), 스캔우드(Scanwood), 버라드(Berard), 옻칠(이바돔) 등

[스테인리스]

레슬레(RÖSLE), 샐러드마스터, WMF, 휘슬러, 윌리엄스 소노마 등

[실리콘]

쿠이지프로(Cuisipro), 마스트라드(Mastrad), 키친크래프트(KitchenCraft), 르쿠르제 등

특이한 주방 도구들

1 깨 볶는 망 **2** 물에 뜨는 다용도 거름망 **3** 체리피터 **4** 파스타 계량기 **5** 페이스트리 커터 **6** 캔 오프너 **7** 레몬 스퀴저
8 병따개 **9** 허브가위 **10** 티망 **11** 맥주칵테일 도구 **12** 베이스팅 스포이드 **13** 너트 크래커 **14** 게살 포크
15 아이스크림 스쿱 **16** 아이스크림 셔터 스쿱 **17** 미니거품기 **18** 파채칼

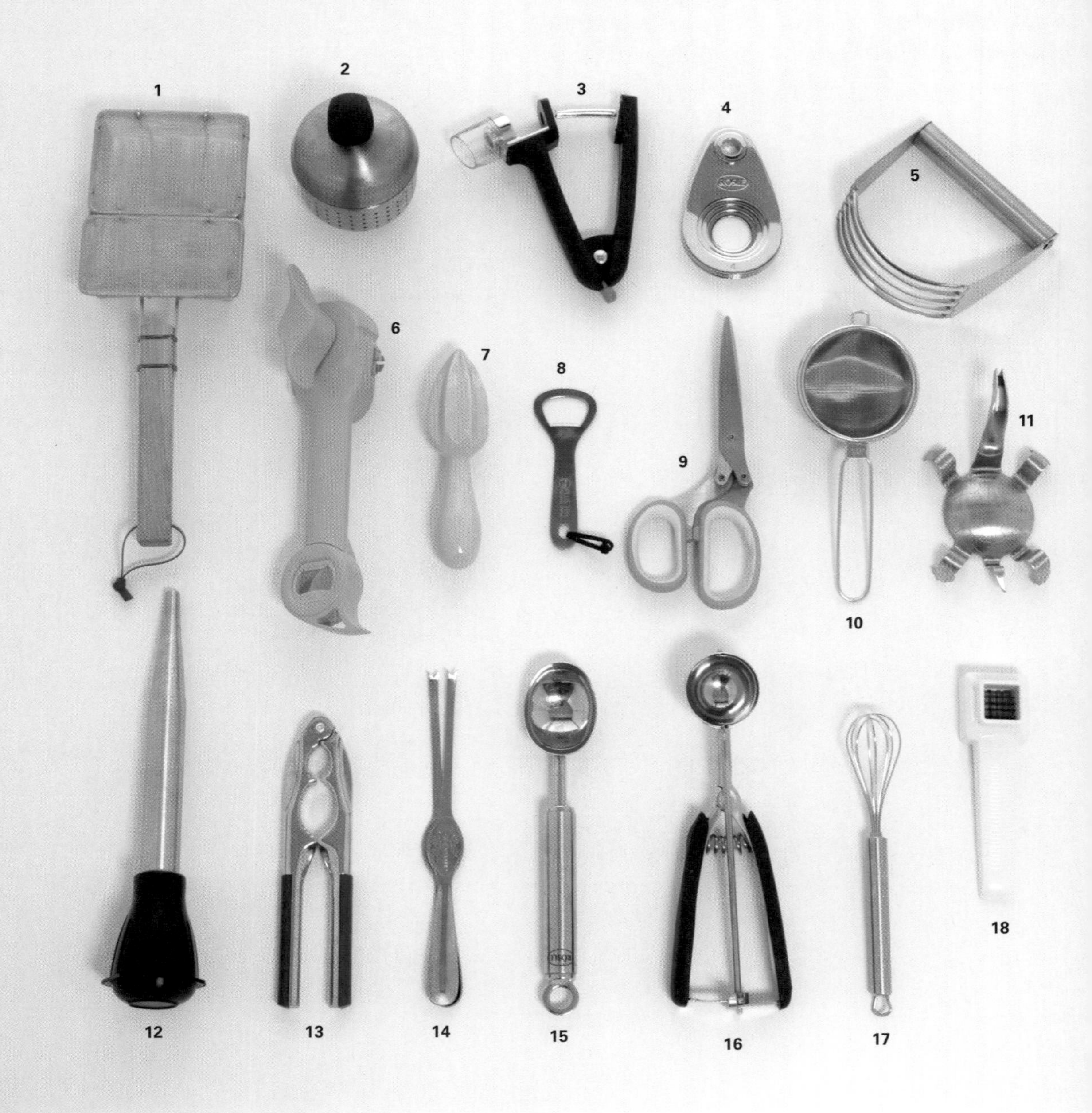

1 감자칼. **2** 쏨땀채칼 **3** 치즈 그레이터 **4** 치즈 그레이터(코어스) **5** 치즈 그레이터(파인) **6** 피자 커터 **7** 피자 커터
8 페이스트리 커터 **9** 페이스트리 커터 **10** 굴 칼 **11** 넛맥 그레이터 **12** 레몬제스터 **13** 스탠딩 강판
14 와사비 강판 **15** 딸기 꼭지따개 **16** 달걀 슬라이서 **17** 애플코어

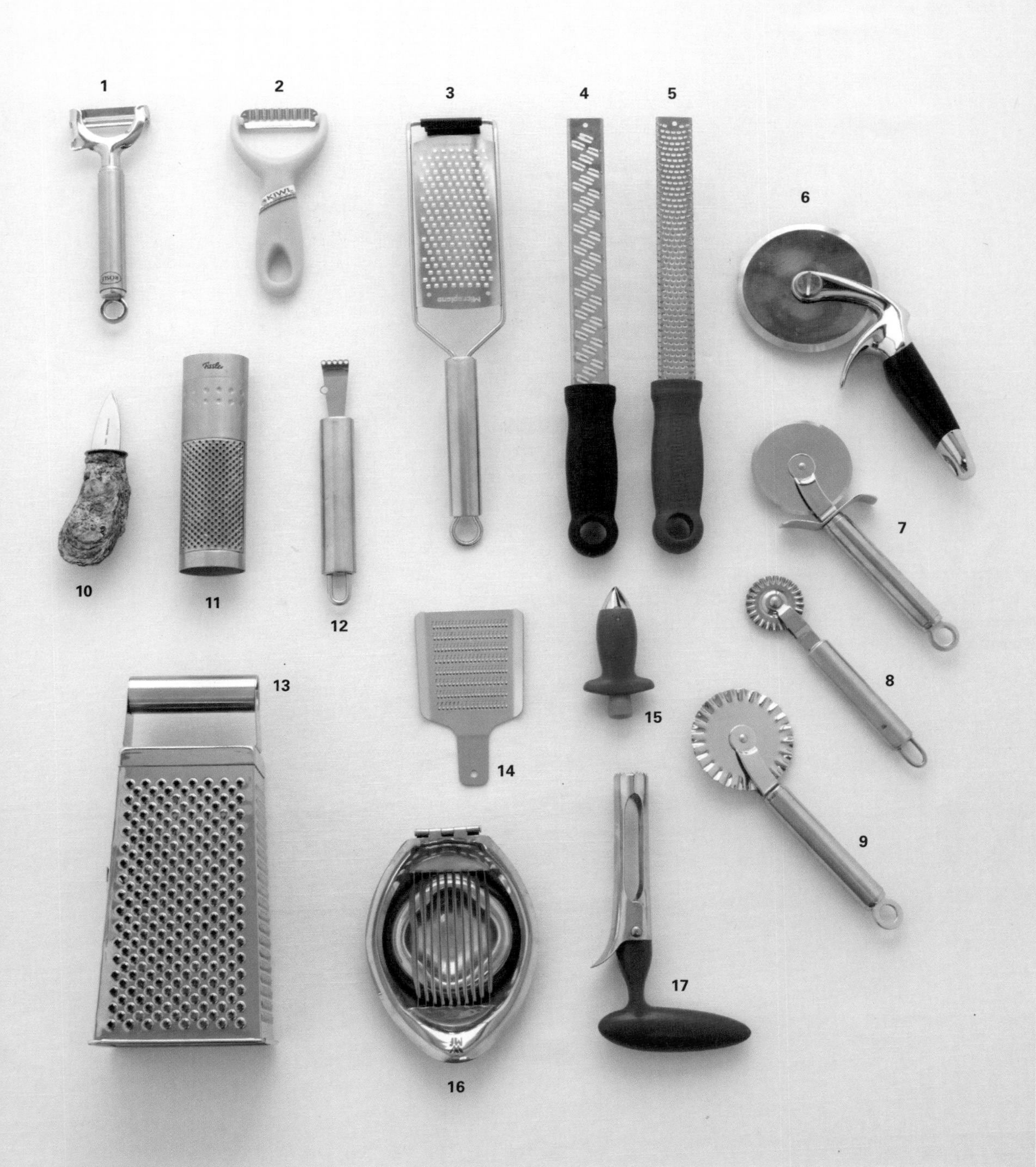

[계량컵과 계량수저]

한 컵의 기준이 우리나라와 일본은 200㎖이지만 미국이나 영국은 240㎖ 또는 250㎖이다.
계량컵을 사용할 때는 자세한 계량 수치를 확인해야 정확한 레시피를 지켜 조리할 수 있다.
유리 계량컵은 액체 계량용이며 스테인리스나 플라스틱 계량컵은 가루류의 계량에 적합하다.

CUTLERY

커트러리

01

스테인리스 Stainless

스테인리스 커트러리는 강도가 강하고 변색이 적어서 사용하기 가장 편한 재질의 커트러리이다. 또한 열에 의한 변형이 없어서 식기세척기 사용이 가능하고 열탕 소독도 가능하다.

◦ 오네이다(ONEIDA) ◦

◦ WMF ◦

◦ 햄튼(HAMPTON) ◦

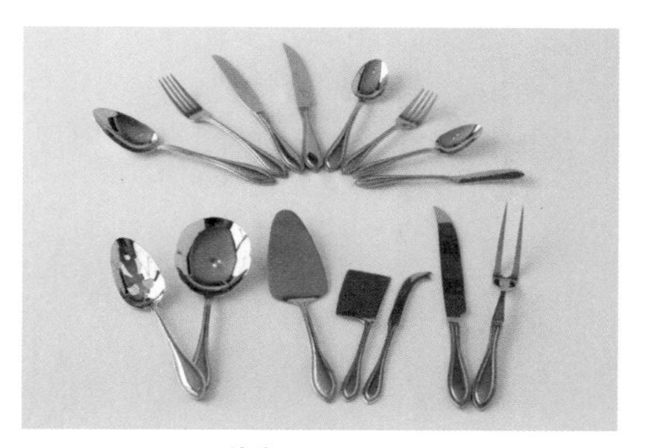

◦ 월래스(WALLACE) ◦

◦ 소리야나기(SORI YANAGI) ◦

[스테인리스 커트러리 소독 및 광내기]

스테인리스 커트러리는 변색이 덜하기는 하지만 오래 사용하면 광택을 잃고 색이 어두워지기 때문에 한 번씩 소독과 광내기를 해 줄 필요가 있다.

01

베이킹소다를 반 컵 정도 푼 물에 커트러리를 넣고 끓이면 소독과 광내기를 한꺼번에 할 수 있다. 물에 끓인 뒤 깨끗한 거즈로 닦아주면 더 반짝이고 얼룩 없이 보관할 수 있다.

02

광택제 사용 역시 얼룩과 묵은 때를 제거하는 쉬운 방법이다.

02
유기

현대적인 식생활에 맞춰 만들어진 유기 양식기는 항균, 살균 효과의 장점이 있으며, 특유의 색감으로 고급스러운 테이블 연출이 가능하다.

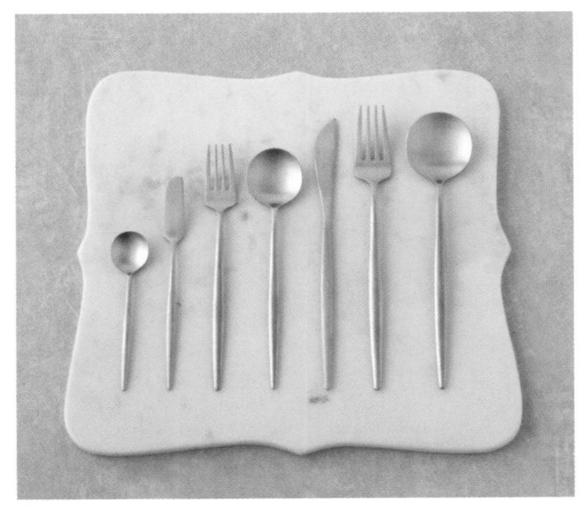

◦ 놋담(NOTDAM) ◦

사진 출처 : 라뤈 홈페이지

◦ 라뤈(LA LUNE) ◦

[유기 제품 보관하기]

유기 커트러리나 유기 그릇은 공기 중에 장기간 방치하면 변색이 일어나고 녹이 생긴다. 오래 사용하지 않을 때에는 한지에 싸서 방습제와 함께 밀폐 보관한다. 보관 후에 변색이 되었을 때는 마른 상태에서 수세미로 문질러주며 뜨거운 물에 삶지 않는다.

03

레진 Resin

레진은 성형이 쉽고 색상 구현이 다양해서 커트러리 손잡이 재질로 많이 쓰인다. 금속 재질로 만들어진 커트러리에 비해 가볍고 세척이 쉽다.

◦ 큐티폴(CUTIPOL) ◦

사진 출처 : 소리야나기 홈페이지

◦ 소리야나기(SORI YANAGI) ◦

◦ 지앙(GIEN, 주석) ◦

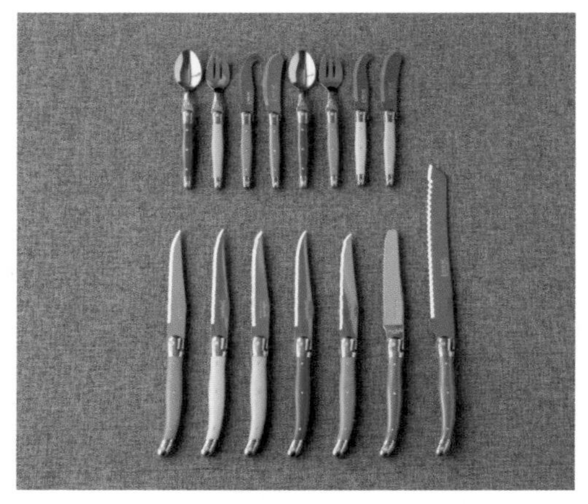

◦ 라기올(LAGUIOLE) ◦

[레진의 백화 현상과 보관]

큐티폴, 소리야나기 등의 제품은 손잡이 부분의 블랙 레진이 하얗게 일어나는 경우가 있다. 사용하면서 흔히 생기는 현상이지만 약간의 손질로 처음의 검은 빛을 다시 찾을 수 있다.

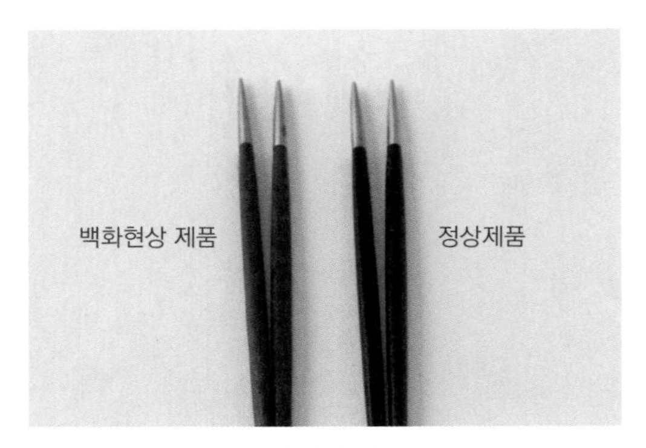

◦ 백화 현상 비교 ◦

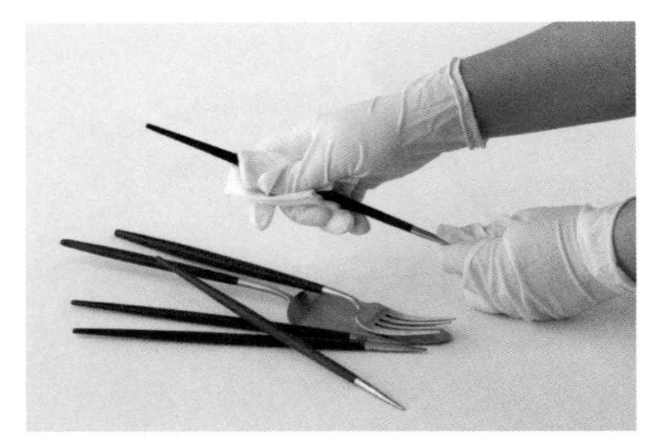

세척해서 잘 말리고 식용 오일을 골고루 얇게 바른다.
그늘에 건조한 뒤 기름이 묻어나지 않게 다시 한 번
닦아 주고 스크래치가 나지 않게 천에 싸서 보관한다.

[레진과 주석 제품의 세척]

주석이 들어간 커트러리는 색이 변하는 현상 때문에 고온에 끓여서 살균, 세척하거나 식기세척기를 사용하면 안 된다. 또 식초나 레몬 등 시트러스 계열이 들어가지 않은 세제를 사용하는 것이 좋다.
레진이 들어 있는 커트러리 또한 열에 의한 변형의 가능성이 있어 식기세척기를 사용하지 않아야 한다.

04

실버 Silver

서양의 경우 실버 커트러리는 스털링 실버(STERLING SILVER)와 실버플레이트(SILVERPLATE)로 나뉜다. 스털링 실버는 은 함유율 92.5%의 은제품, 실버플레이트는 일반적으로 스테인리스 제품에 은도금을 한 것을 가리킨다.
우리나라의 실버 제품은 은의 함량에 따라 AG990, AG920, AG800, AG700 등으로 표기하며, 은 함량이 각각 99.9%, 92.5%, 80%, 70%이다.

사진 출처 : 토웰 실버스미스 홈페이지

◦ 토웰 실버스미스(TOWLE SILVERSMITH) ◦

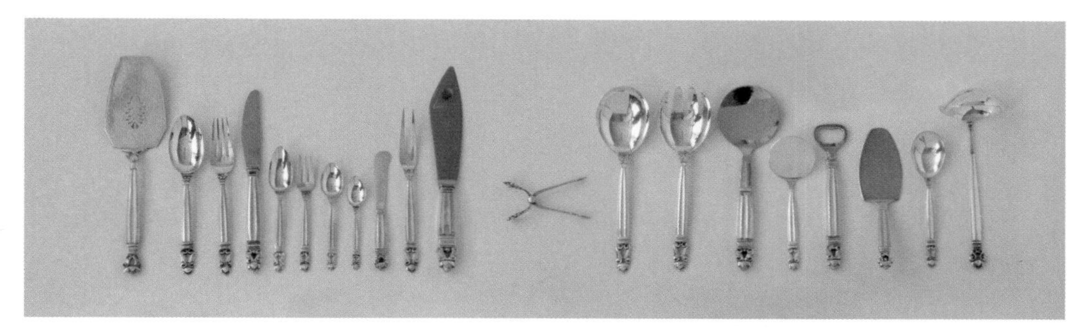

◦ 조지젠슨(GEORG JENSEN) ◦

[실버 커트러리의 산화와 보관]

실버는 공기에 닿으면 산화해 검게 변색되는 단점이 있다. 실버 제품은 키친타월이나 부드러운 천에 감싸서 밀폐되는 지퍼백에 넣어 보관하는 것이 좋다.

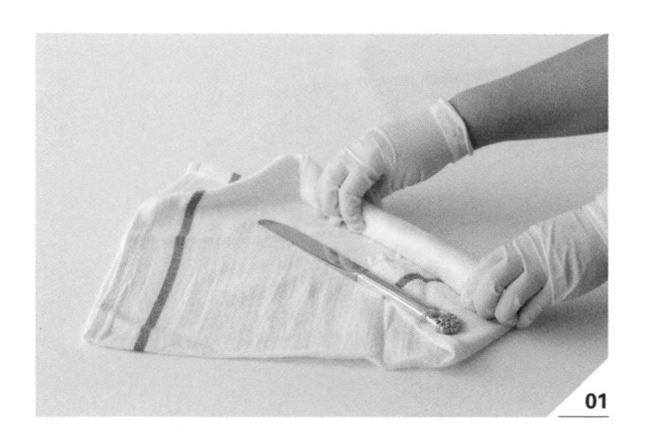

01

02

[실버 커트러리 세척법]

변색된 실버 제품은 은 세척제를 이용해 잘 닦아준다. 얼룩 없이 닦은 뒤 중성세제를 이용해 다시 한 번 세척하고 물기를 잘 닦아서 보관한다. 세척제를 사용하면 냄새가 날 수 있으므로 환기를 해준다.

01

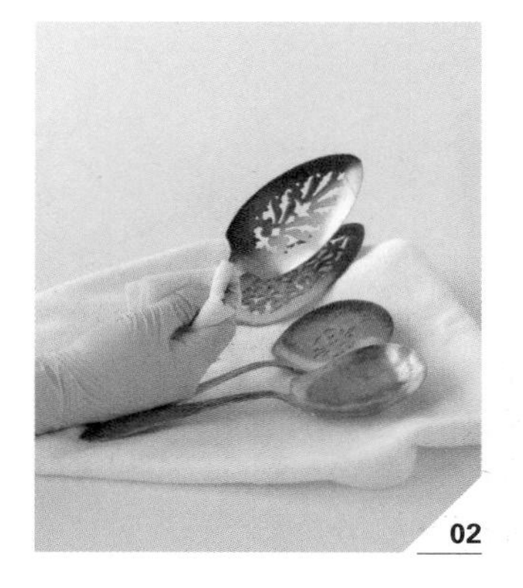

02

03

stainless steel

주방이야기

우리가 몰랐던

copper

주방 도구 리얼 사용기

iron

참고 자료

광주요 http://www.kwangjuyo.com
교세라 https://kyoceraadvancedceramics.com
글로벌 https://www.yoshikin.co.jp/en
노리타케 http://www.noritake.com
놋담 http://blog.naver.com/jookjeondoye
덴비 https://www.denbypottery.com
드부이에 https://www.debuyer.com
디트리쉬 http://www.de-dietrich.com/international
라귀올 http://www.laguiole.com
라륀 http://seoulbund.com
레데커 www.redecker.de
로마노소프 https://www.lomonosov-russia.com
로얄 알버트 http://www.royalalbert.com
로얄 코펜하겐 https://www.royalcopenhagen.com/home
롯지 http://www.lodgemfg.com
르크루제 https://www.lecreuset.com
리차드 지노리 https://www.richardginori1735.com
마이센 https://www.meissen.com/en
모비엘 https://www.mauviel.com
무쇠나라 www.musoenara.com
문도방 http://moondobang.com
버미큘라 http://www.vermicular.com
블루레뇨 https://www.instagram.com/blulegno_
빌레로이 앤드 보흐 https://www.villeroy-boch.com/shop
https://www.villeroy-boch.de
샐러드마스터 https://saladmaster.com

소리야나기 http://www.pets-show.com/wp-content/uploads/2017/12/watch-a-showcase-of-one-of-japans-most-famous-product-designers-throughout-sori-yanagi-flatware-1024x872.jpg
슌 https://shun.kaiusaltd.com
스캔우드 https://scanwood.dk
스타게이저 http://www.stargazercastiron.com
스타우브 https://www.staub-online.com/uk/en/home.html
http://www.staubusa.com
아라비아핀란드 http://www.arabia.fi/en
아르떼레뇨 http://www.artelegnospello.com/en/index.pHp
아마존 www.amazon.com
아지네 프라이팬 http://ajinefrypan.com
안동도마 http://jyhdoma.com
알텐바흐 http://altenbach.co
에르메스 https://www.hermes.com/us/en
http://www.hermes.com/index_default.html
에피큐리언 https://www.epicureancs.com
오네이다 https://www.oneida.com
오이겐 http://oigen.jp
옥소 https://www.oxo.com
올클래드 http://www.all-clad.com
우스토프 www.wusthof.com www.wusthof.co.kr
우일요 http://wooilyo.com
운틴가마 http://www.untingama.co.kr
월래스 http://www.lifetimesterling.com/on/

demandware.store/Sites-LifetimeSterling-Site/default/Search-ShowCategories?cgid=brands_wallace
웨지우드 https://www.wedgwood.co.uk
윌리엄스 소노마 https://www.williams-sonoma.com
이딸라 https://www.iittala.com/home
https://www.iittala.com/kr/ko/home
이바돔 www.evadom.com
이봉주 http://www.nabchung.co.kr
이와츄 http://www.iwachu.co.jp
이이호시 유미코 http://y-iihoshi-p.com/en
이종덕 http://www.bangjjayougi.com
자주 http://living.sivillage.com/jaju/display/displayShop
장수곱돌 http://www.jscopdol.co.kr
조셉조셉 https://www.josepHjosepH.com/en-us
조지젠슨 https://www.georgjensen.com/global
지오 http://www.miyazaki-ss.co.jp/english/goods/e_geo/main.html
차세르 http://www.chasseur.com.au
칠량봉황옹기 http://7ryang.com
커트러리앤드모어 http://www.cutleryandmore.com
컷코 https://www.cutco.com / http://www.cutco.co.kr
코웨이 http://www.coway.co.kr
쿠퍼 http://www.mhc.or.kr
쿡에버 http://www.cookevermall.co.kr
큐티폴 http://www.cutipol.pt
키와메 http://riverlight.co.jp
키친플라워 http://www.kitchenflower.co.kr
킨토 www.kinto.co.jp
터크 http://www.turk-metall.de
토웰 http://www.lifetimesterling.com/on/demandware.store/Sites-LifetimeSterling-Site/default/Search-ShowCategories?cgid=brands_towle
파이넥스 https://finexusa.com
http://finexkorea.co.kr/index.html
포크 https://www.falkusa.com
www.falkcoppercookware.com
포트메리언 https://www.portmeirion.co.uk
풍년 http://pn.co.kr
필드컴퍼니 https://fieldcompany.com
해인요 https://www.instagram.com/haeinyo/?hl=ko
햄튼 http://www.hamptonforge.com
헤렌드 http://herend.com
헨켈 www.zwilling.com
화소반 http://www.hsobanmall.com
휘슬러 http://www.fissler.co.kr
800도씨 http://800c.co.kr
Medscape https://www.medscape.com
WMF https://www.wmf.com/en
EBS 생활보감
문화재를 위한 보존 방법론(서정호)
Le French Oven(Hillary Davis)
옻칠 – 문화재청 www.cha.go.kr
네이버 지식백과 http://terms.naver.com
위키백과 https://ko.wikipedia.org/wiki
구글 https://www.google.com
폐암과 가정용 난방, 조리 연료와의 관계 - 미국 역학회지
https://academic.oup.com/aje/article/165/6/634/64234
스테인리스 팬의 무지개 얼룩
http://articles.baltimoresun.com/2006-03-29/news/0603280034_1_stainless-steel-all-clad-cookware-oxalic
무쇠 팬의 사용과 철분섭취
http://onlinelibrary.wiley.com/doi/10.1046/j.1365-3156.2003.01023.x/pdf
도마와 박테리아
http://australiancuttingboards.com.au/acb/campHor-laurel
http://faculty.vetmed.ucdavis.edu/faculty/docliver/Research/cuttingboard.htm
과산화수소수를 이용한 대리석 얼룩 제거 https://www.wikihow.com/Clean-Marble
구리의 열전도율 그래프
http://pointing.spiraxsarco.com/resources/steam-engineering-tutorials/steam-engineering-principles-and-heat-transfer/heat-transfer.asp

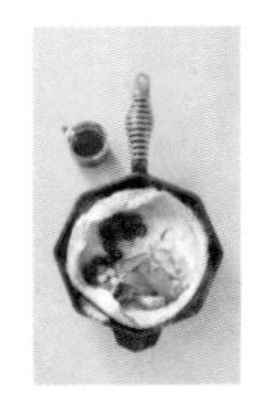

우 리 가
몰 랐 던

주 방 이 야 기

저 자 | 하정아, 이선심
발행인 | 장상원
편집인 | 이명원

초판 1쇄 | 2019년 7월 25일
2쇄 | 2020년 6월 10일

발행처 | (주)비앤씨월드 출판등록 1994.1.21 제 16-818호
주 소 | 서울특별시 강남구 선릉로 132길 3-6 서원빌딩 3층
전 화 | (02)547-5233 팩스 | (02)549-5235 홈페이지 | www.bncworld.co.kr
블로그 | http://blog.naver.com/bncbookcafe 인스타그램 | www.instagram.com/bncworld
진 행 | 김상애, 권나영 디자인 | 박갑경 사 진 | 하정아, 이재희

ISBN | 979-11-86519-27-1 13590

text©하정아, 이선심, B&C WORLD LTD., 2019 printed in Korea
이 책은 신 저작권법에 의해 한국에서 보호받는 저작물이므로
저자와 (주)비앤씨월드의 동의 없이 무단전재와 무단복제를 할 수 없습니다.

이 도서의 국립중앙도서관 출판예정도서목록(CIP)은 서지정보유통지원시스템 홈페이지(http://seoji.nl.go.kr)와 국가자료종합목록 구축시스템(http://kolis-net.nl.go.kr)에서 이용하실 수 있습니다. (CIP제어번호 : CIP2019027476)